湖北省公益学术著作出版专项资金
Hubei Special Funds for Academic and Public-interest Publications

天文学史新视野丛书

孙小淳◎主编

明末清初经纬度测量在天文历法中的应用

杨 帆 / 著

THE MEASUREMENT OF LONGITIDE AND
LATITUDE IN CALANDER-MAKING IN
THE LATE MING AND EARLY QING DYNASTY

長江出版傳媒
湖北科学技术出版社

图书在版编目（CIP）数据

明末清初经纬度测量在天文历法中的应用 / 杨帆著. -- 武汉 : 湖北科学技术出版社, 2024. 11.
（天文学史新视野丛书 / 孙小淳主编）. -- ISBN 978-7-5706-3615-0

Ⅰ. P194.3

中国国家版本馆 CIP 数据核字第 2024EM8507 号

明末清初经纬度测量在天文历法中的应用
MINGMO QINGCHU JINGWEIDU CELIANG ZAI TIANWEN LIFA ZHONG DE YINGYONG

策　　划：严　冰　　责任校对：王晓博
责任编辑：刘　芳　张娇燕　　封面设计：喻　杨

出版发行：湖北科学技术出版社
地　　址：武汉市雄楚大街 268 号（湖北出版文化城 B 座 13—14 层）
电　　话：027-87679468　　邮　　编：430070

印　　刷：湖北金港彩印有限公司　　邮　　编：430040

---

710 毫米 ×1000 毫米　1/16　11 印张　220 千字
2024 年 11 月第 1 版　2024 年 11 月第 1 次印刷
定　　价：98.00 元

（本书如有印装问题，可找本社市场部更换）

总 序

天文学史特别是中国天文学史的研究，一直以来都是中国科学技术史研究领域中最为活跃、成果最为丰富的领域之一。在过去的一个世纪中，中国学者正式出版的关于天文学史的著作超过 150 种，还有数不胜数的相关论文。这些研究内容涵盖了历法、天文仪器、宇宙论、星表与星图、天象观测与记录、星占术、天文学家传记、少数民族天文学、天文学起源、天文学社会史以及中外天文学交流史等诸多方面。21 世纪以来，中国学者在上述领域研究的基础上，开拓了数理天文学史、考古天文学、中国近现代天文学史以及国外天文学史等新的研究领域，并取得了丰硕的研究成果。这使得天文学史研究呈现出一派生机勃勃的景象。

“天文学史新视野丛书”正是在这样的背景下诞生的。它试图在以下几个方面进行创新:

其一是新范式。过去的研究往往侧重于揭示中国古代天文学的成就，并将其与现代天文学相比较。然而，本丛书主张我们应该深入古代的情境中去理解古代天文学，探讨古天文概念和理论是如何建立起来的。这就要求我们将古代天文学的观测、计算和理论统一起来考虑，进行古代科学思想的复原研究。换而言之，我们的研究范式应该从单纯的发现转变为更为深入的复原。

其二是新视角。天文学作为古代科学的基础，与其他科学领域有着密切的联系。同时，天文学与国家社会、政治、文化息息相关。因此，我们可以从学科交叉的角度和社会文化史的角度来审视和研究古代天文学。

其三是新材料。随着考古学的发展，新的考古材料不断被发现，如新发现的汉简等。随着研究视角和研究范式的转变，许多过去被忽视的史料也可能获得新的意义，从而在某种程度上成为我们研究的新材料。

其四是新问题。天文学史研究是一个不断发展的过程，新的问题不断涌现。这些问题既包括学科内史的问题，也包括学科外史的问题。正如“一切历史都是当代史”,新问题的提出始终与我们当前的关切分不开。

最后也是最重要的，是新力量。学科要持续发展，离不开新的研究力量的加入。“天文学史新视野丛书”的作者中，有许多是我指导过的研究生。看到他们逐渐成长起来，我由衷地感到欣慰。

是为序。

2024 年 8 月 10 日

目录 CONTENTS

导论

经纬度与明清历法改革

自明末传教士来华，西方天文学、地理学以及测量学方面的知识开始大规模传入中国，极大地扩展了中国人在诸多方面的认知。地圆学概念为西方天文学和地理学的重要基础，地理经纬度则是基于地圆说的一套用来表示地球上空间位置的坐标系统，是可以被实际测量并且用于计算的。在天文地理领域引入经纬度的概念，必定会极大地提高相应的天文计算和地图测绘的精准度。但是，地圆说以及经纬度概念，作为新近传入的外来思想观念，最初只是被部分中国人接受，其完全被吸纳进实际应用层面的时间则更为滞后。并且，在天文领域，经纬度概念被引入实际操作的时间较早，在明末改历期间即被用来推算交食以证明西法的优越性。而在地理测绘领域，直至清朝康熙后期的大地测量，西方传入的经纬度知识才在真正意义上被官方接受，进入地图测绘的实际操作层面，并开始取代传统的地图测绘。

地圆说以及与之相应的经纬度概念作为西方天文学体系的重要基石之一，在明末改历的背景下，从思想层面进入技术层面，将经纬度的概念与新仪器、算法、算表结合起来，并在历算中被实际操作和运用[1]。明代的官方历法一直是《大统历》,同时参用《回回历》。到明代中后期，《大统历》屡屡出现失误，传统天文学亟待变革，但是由于明末禁止私习天文的政策，导致无力也无人能进行此项改革的局面。明末西方的天文学和地理学知识的传入，为此困顿局面提供了另一条解决路径。在此段时间内，大量的西方天文学方面的内容被翻译[2]，科技著作的修撰出现了高峰[3]，经纬度的概念及其测量方法被引入中国。地圆说以及经纬度的概念作为西方几何天文学的重要基础之一,一经传入就对中国的历法编制产生了影响。明末清初，经纬度作为一个新传入的概念、一个重要的推算参数是如何在天文历法中被运用以及天文测量经纬度在改历活动中产生何种影响，都值得讨论。在中国传统历法推算中，许多关键算法都与地理位置相关，即与地理经纬度有关，其中最重要的是日月食推

[1] 祝平一．跨文化知识传播的个案研究：明末清初关于地圆说的争议，1600-1800[J].“中央研究院”历史语言研究所集刊，1998(69): 589-670.

[2] 明清时期传入和翻译的西方天文学内容，特别是天文算法和天文观测数据方面的内容，具体研究可详见：严敦杰．明清之际西方传入我国之历算记录 [M]//梅荣照．明清数学史论文集 [C]. 南京：江苏教育出版社，1990: 114-181. 对托勒密、第谷以及开普勒的研究成果的具体引入见：江晓原．明末来华耶稣会士所介绍之托勒密天文学 [J]. 自然科学史研究，1989, 8(04): 306-314; 江晓原．第谷 (Tycho) 天文体系的先进性问题：三方面的考察及有关讨论 [J]. 自然辩证法通讯，1989(01): 47-52, 46; 江晓原．开普勒天体引力思想在中国 [J]. 自然科学史研究，1987(02): 164-169; KEIZO HASHIMOTO. Hsii Kuang-ch'i and Astronomical Reform: The Process of the Chinese Acceptance of Western Astronomy 1629-1635[M]. Osaka: Kansai University Press, 1988.

[3] 胡永全．明清之际中国科学的增长：定量描述和动因分析 [J]. 自然辩证法通讯，1991(06): 25-33, 80.

算、二十四节气以及昼夜时刻的推算。由于中国古代并没有地圆以及经纬度的概念，所以传统历法推算一般只涉及一个地点的交食、二十四节气和昼夜时刻的算法。至唐以后，历法中出现计算多地晷影的算法，但是最重要的交食推算仍以推算一地为主。一般情况下，这个地点就是当时的都城。传教士来华，从利玛窦开始确定下来的传教策略就是通过“学术”传教，希望从打动统治者开始，自上而下地打入中国社会，因为天文学在中国社会中的特殊政治地位，传教士们更希望能走通天文历法的“通天”捷径，这就使得明末的改历情况更加错综复杂。因《大统历》推算预报交食出现严重错误，崇祯二年（1629 年），崇祯皇帝下旨开局修历。徐光启作为改历的领导人，极力主张利用西法进行改历，主张西法能“入大统之型模”，实现中西历法的会通融合。在崇祯改历期间，竞争的三家历法分别是《大统历》《回回历》和“西法”，论战中各方均认同以精度作为评判历法好坏的准则之一，史料中保留了当时新法派和传统派进行的八次较量[1]，即五次交食测验和三次行星测验[2]，“西法”大获全胜。经纬度在其中扮演了怎样的重要角色？新法派和传统派的历争还涉及具体历法理论的争辩，在争辩中新法派如何利用新的概念为“西法”辩护是非常值得考察的问题。本书首先研究的内容就是作为新知识的经纬度概念在崇祯改历的过程中起到了什么样的作用。中国传统的历法一般只能预报一地（一般是首都）的交食情况，而借助新传入的经纬度概念，可推算出不同地点的交食时刻，这就比传统历法更为准确。徐

[1] 江晓原.《崇祯历书》的前前后后(上)[J]. 中国典籍与文化, 1996(04): 55-59.

[2]《崇祯历书》的《治历缘起》部分保留了改历经过，但是《崇祯历书》编纂完成之后又几经修改，传教士出于突显“西法”优势的考虑，可能删除了一些对于“西法”不利的测验结果，但总体来说还是“西法”占优的。具体研究见：李亮，吕凌峰，石云里，等. 被“遗漏”的交食：传教士对崇祯改历时期交食记录的选择性删除 [J]. 中国科技史杂志, 2014, 35(3): 303-315.

光启抓住这一点以证明“西法”的优越性，例如，他对经纬度测量的看法以及如何把经纬度概念与传统的历法概念联系到一起。另外，在崇祯改历期间，徐光启在与传统派的魏文魁和冷守中之间多次进行论战与较量，例如，面对传统派对“西法”的打压，新法派如何利用经纬度这个工具为“西法”辩护。

清朝最初使用的官方历法《西洋新法历书》，是汤若望转投清廷后把《崇祯历书》稍加修改而成。因为中国古代天文学的特殊政治地位，即使引入“西法”也不能改变传统的阴阳合历的历法形式，就无法完全照搬西方的天文学内容，再加上时间的紧迫，必须尽快编出有“立竿见影”效果的历法，于是传教士们“使用已娴熟的西方历算技术、仪器和算表，拼凑出一份合于中国传统的历法”。[1] 这样就产生了两个方面的后果：一方面，因为崇祯改历时间仓促，导致有些需要实测的数据来不及观测与更新；另一方面，虽然《崇祯历书》系统地引入了西方天文学，但是很多内容都是直接翻译而成，各部分衔接不是很连贯，“缺乏整体逻辑性。更有甚者，因当初编译仓促，书中还存在着‘图与表不合’的情况”[2]。这两个方面从历法内容上为清初改历预留了空间。清初虽然还是历经波折[3]，但是西方天文学最终获得了官方承认的地位，掌管天文历法的官方机构钦天监完全为传教士掌控。到了康熙末年，特别是经历了“礼仪之争”，康熙皇帝更希望能摆脱传教士对天文历法的控制。自

[1] 祝平一．西历东渐：晚明中西历法的初步接触与历法形式的冲突[M]//《法国汉学》丛书编辑委员会．法国汉学（第六辑）：科技史专号．北京：中华书局，2002: 336–344.

[2] 石云里．历象考成提要[M]//薄树人．中国科学技术典籍通汇·天文卷（七）．郑州：河南教育出版社，1997: 459–462.

[3] 如清初的杨光先事件，就是清初历法之争一个重要的片段。杨光先针对天文历法问题的弹劾，导致执掌钦天监的汤若望入狱以及李祖白等五名官员被杀。

1711 年起，康熙皇帝开始组织人手、设立蒙养斋算学馆培养历算人才，重新编制历法，最终的成果就是编制出《历象考成》。清初重修历法时，针对以上两个方面都做出了改进。某些重要的观测数据，比如经纬度观测数据是否得到了改进和更新呢？昼夜时刻推算、二十四节气时刻推算以及日月食推算是历法重要的组成部分，它们都同地理位置即经纬度有关，这在具体的算法上是如何体现呢？本书研究的第二个方面，就是对经纬度具体在历法中涉及的推算进行考察：昼夜时刻、二十四节气时刻以及日月食的算法中，哪些计算部分用到了经纬度的知识，具体的算法涉及经度还是纬度。

与历法改革基本同一时间，还进行了另一项国家主导的大规模的科学活动——《皇舆全览图》的测绘，此图的影响，正如翁文灏所说："中国地图之重要根据，首推清初聘用西洋天主教士之测量。……故迄今（民国）中国地图十之七八，实尚源自清初"[1]，此图传至欧洲后，对增进当时欧洲人的地理知识有极大的贡献，而且对他们关于中国的印象产生深远影响[2]。一方面，在历法中，计算昼夜时刻、二十四节气时刻以及交食是很重要的部分，这些推算都需要利用各地的经纬度，编制新的历法就需要新的观测数据来支撑。另一方面，为了绘制出更加准确的地图，传教士主持测量了全国范围的经纬度，然后利用西方的制图法绘制地图。可以说，在康熙末年进行经纬度测量有两个目的——天文历法推算的目的和地理地图的绘制的目的，它们二者是否共享了同一套数据，它们的关系是怎样的呢？本书研究的第三个方面，就是考察清初"制图"与"制历"的关系——为了编纂历法和绘制地图的目的而测量得到的经纬度数

[1] 翁文灏．清初测绘地图考 [J]. 地学杂志，1930(3): 405-448.

[2] 韩昭庆．康熙《皇舆全览图》与西方对中国历史疆域认知的成见 [J]. 清华大学学报（哲学社会科学版），2015(6): 123-142, 192.

据间有何关系，并且把这两个科学活动放在同一个时间轴下比较，考察经纬度测量活动的时间、参加测量的人员以及测量的区域。

此外，自经纬度测量测量知识传入中国至康熙后期，全国范围内的经纬度测量时间跨度达百余年。在这百余年间，自利玛窦以来的传教士，随着入华范围的扩大，他们测得的各地经纬度数据会不断累积。而自崇祯改历以来，历法推算亦需要各地经纬度数据“以立算”。这些经纬度数据的累积过程和精度演进究竟如何？本书研究的第四个方面是，对明末清初传教士和中国人出版的天文历算类文献中的经纬度相关的数据，主要指各省府直接的经纬度数值以及历法推算所用“时差”数值进行整理和精度分析，以此探究地理经纬度传入中国之初的测量情况。对相关数据的分析，贯穿于本书中每一章内容。

前人研究

明末西学传入之前，中国古代的历法家虽隐约关注过经纬度的问题，但真正地理解经纬度的概念及其在历法中使用还要到明末传教士来华之后。前人对明清历法改革以及大地测量都已有相当深入的研究，但是经纬度作为一个具体的新概念在天文历法中如何发挥作用的讨论颇少。只有薄树人先生在其《徐光启的天文工作》一文中明确指出：“《崇祯历书》引入了地球的概念，引入了地理经纬度的概念，从而在日、月食计算和其他计算中就较旧算前进了一大步……只有把地球考虑作球体，并引入经纬度的概念，才有可能正确地推算各地见食的情况。这是《崇祯历书》在实际推算结果上胜过旧法的主要点之一。"[1] 强调了经纬度的传入对天文历法的影响。但是前人对于古代相关算法以及明末清初时期中西天文学碰撞融合的研究为本书的研究提供了很好的基础。

中国古代并没有经纬度的概念，但天文学家们也曾隐约关注过类似经纬度的问题，特别是在唐代和元代都进行了大规模的大地测量。前人关于中国古代大地测量的研究，如中国科学院陕西天文台天文史整理研究小组就认为唐代一行组织的子午线测量的目的，一是修改历法的需要，二是为了求出同一时刻日影差一寸和北极高一度在地球上相差的距离。而且证实了南北各地昼夜长短不同，进而改进了算法。[2] 也有学者对一行天文大地测量的史实进行了重新考察。[3] 元代郭守敬又仿效一行，组织人手进行了著名的"四海测验"。武家璧认为"四海测验"的观测点位置与历法中的晷漏数据插值表相对应，而且 27 个观测点分布在几条著名的子午线以及相隔 5 度的纬线上。[4] 厉国清等人对元朝"北极高度"

[1] 薄树人 . 徐光启的天文工作 [M]// 薄树人文集 . 合肥 : 中国科学技术大学出版社 , 2003: 568.

[2] 中国科学院陕西天文台天文史整理研究小组 . 我国古代第一次天文大地测量及其意义 : 关于僧一行子午线测量的再讨论 [M]// 中国天文学史文集 . 北京 : 科学出版社 , 1978: 143−156.

[3] 陈玲 . 一行大地测量史实新探 [J]. 自然辩证法通讯 , 2006(6): 81−85.

[4] 武家璧 . 试论郭守敬的"南海测验" [J]. 广西民族大学学报 (自然科学版), 2015(02): 8−14. 此外关于郭守敬"四海测验"中南海的位置也是研究的热点。武家璧从 27 个观测点的经纬度相对位置出发，认为是黄岩岛。也有学者从当时的测量仪器以及测量误差的角度和郭守敬大地测量只是测量纬度的角度来考证该问题。见 : 厉国青 , 钮仲勋 . 郭守敬南海测量考 [J]. 地理研究 , 1982(01): 79−85; 钮仲勋 . 元代"四海测验"中"南海"观测站地理位置考辨 [J]. 中国边疆史地研究 , 1998(02): 8−11.

测量的仪器和方法进行了分析。[1] 从一行《大衍历》开始，中国的历法中开始考虑由于纬度不同引起的晷影和漏刻长度各不相同，从而在历法推算中引入了九服晷长、漏刻和食差计算法。[2] 曲安京等人对中国古代历法中由于纬度不同引起的全国正午时刻晷影长度的计算方法进行了系统解读。[3] 中国古代所测的“北极高度”在数值上与地理纬度相等。古代历法中的“里差”概念，与地理经度相关。厉国清等人认为，元代耶律楚材在其所编制的《庚午元历》中引入的“里差”概念就是我国地理经度的初始概念，并且在其所编制的历法中有 6 处应用。[4] 孙小淳对“里差”的概念和数值进行了进一步的分析，认为“里差”概念的引入是在历法推算中引入了由不同地理地点经度差引起的地方时改正，是地理经度概念传入中国并在历法上加以应用的结果。[5] 关于中国古代经纬度测量的沿革，向荣华等人从唐、元、明、清几次大地测量及其所使用的方法和仪器出发，讨论了中国历史上地理坐标系统和经纬度概念的形成和发展过程。[6]

明末西方经纬度的概念和测量方法伴随着地圆说传入中国。有学者对地圆学说的传入进行了系统的研究，如林金水对利玛窦输入地圆学说

---

[1] 厉国清，裔培荣，李勃田．元朝的纬度测量 [J]. 天文学报，1977(01): 129–137.

[2] 陈美东，中国科学技术史・天文学卷 [M]. 北京：科学出版社，2003: 387–390.

[3] 曲安京，袁敏，王辉．中国古代历法中的九服晷影算法 [J]. 自然科学史研究，2001(01): 44–52.

[4] 厉国清，刘金沂，裔培荣．我国地理经度概念的提出 [M]// 科技史文集：第 6 辑，1980: 7–9.

[5] 孙小淳．从“里差”看地球、地理经度概念之传入中国 [J]. 自然科学史研究，1998(4): 304–392.

[6] 向华荣，钮仲勋，厉国青，等．我国地理经纬度和子午线实测的沿革 [J]. 陕西天文台台刊，1982(01): 23–34.

的背景、动机、内容、途径，以及在当时的影响与意义进行了探讨[1]；郭永芳则从地圆说传入后所面对的驳难以及引起的美学上的争议进行了分析[2]；祝平一则从跨文化知识传播的角度，来研究明末清初国人关于地圆学说的争议[3]；陈美东等人则研究了地圆学说在中国曲折的传播过程和反响[4]。前人关于地圆说的研究很多，但是涉及经纬度测量的研究则很少，前面提到的文章中只有祝平一的研究对明末历法改革气氛下的地圆说以及经纬度测量略有涉及。目前笔者找到的关于明末经纬度测量的研究论文只有钮仲勋的一篇文章，主要研究了明末崇祯改历时期纬度测量，并分析了《明史・天文志》记载的纬度。[5]

明末清初西方天文学传入中国，“从此中国的天文学计算体系发生了根本的变化，从传统的代数学体系转成为欧洲古典的几何学体系”。[6]关于明清时期的西方天文学传入之后，历法推算的转变以及中西冲突的研究是这一时期中国天文学史研究的焦点，例如，石云里等人对明

[1] 林金水．利玛窦输入地圆学说的影响与意义 [J]. 文史哲，1985(5): 30−36.

[2] 郭永芳．西方地圆说在中国 [M]// 中国天文学史文集：第四集．北京：科学出版社，1986: 155−163.

[3] 祝平一．跨文化知识传播的个案研究：明末清初关于地圆说的争议，1600−1800[J]. “中央研究院”历史语言研究所集刊，1998(69): 589−670.

[4] 陈美东，陈晖．明末清初西方地圆说在中国的传播与反响 [J]. 中国科技史料，2000(1): 6−13. 此外，还有以个人为案例来看地圆说的传播与发展，见：洪健荣．明末清初熊明遇对西方地圆说的反应：《格致草》相关地圆论题的传承与发展 [M]// 第四届科学史研讨会丛刊．台北：“中央研究院”科学史委员会，1996: 107−129. 中国古代有无地圆说的讨论，见：江晓原．中国古代到底有没有地圆学说？[J]. 中国典籍与文化，1997(4): 84−88.

[5] 钮仲勋．明朝的纬度测量 [M]. 中国天文学史文集：第 4 集．北京：科学出版社，1986: 118−125.

[6] 中国天文学史整理小组．中国天文学史 [M]. 北京：科学出版社，1987: 221.

末崇祯改历期间的交食推算的理论以及精度[1]，明末关于三家历法之争[2]，明末清初关于中西之争[3]，崇祯改历期间交食预报所用的时制[4]，清初历法改革中推算方法等都做了深入、系统的研究[5]也有学者对这一时期西方天文学的传入做了详细的梳理[6]，桥本敬造对明末清初的天文改

[1] 见石云里等人的一系列研究：李亮，吕凌峰，石云里，等．被“遗漏”的交食：传教士对崇祯改历时期交食记录的选择性删除[J]. 中国科技史杂志，2014, 35(3): 303–315; 褚龙飞，石云里．再论崇祯改历期间西法交食预报的时制与精度[J]. 中国科技史杂志，2014(2): 121–137; 褚龙飞，石云里．《崇祯历书》系列历法中的太阳运动理论[J]. 自然科学史研究，2012(4): 410–427.

[2] 石云里，李亮，李辉芳．从《宣德十年月五星凌犯》看回回历法在明朝的使用[J]. 自然科学史研究，2013(2): 156–164; 李亮，吕凌峰，石云里．《回回历法》交食精度之分析[J]. 自然科学史研究，2011(3): 306–317; 李亮，吕凌峰，石云里．从交食算法的差异看《大统历》的编成与使用[J]. 中国科技史杂志，2010(4): 414–431.

[3] 吕凌峰，石云里．从“苟求其故”到但求“无弊”：17—18世纪中国天文学思想的一条演变轨迹[J]. 科学技术与辩证法，2005(01): 101–105; 石云里．崇祯改历过程中的中西之争[J]. 传统文化与现代化，1996(3): 64–72.

[4] 褚龙飞，石云里．再论崇祯改历期间西法交食预报的时制与精度[J]. 中国科技史杂志，2014(2): 121–137; 马伟华．崇祯改历期间西法所报交食时刻再辨析[J]. 中国科技史杂志，2015(4): 453–464; 褚龙飞．崇祯改历期间西法交食预报所用时制及相关问题再探：兼与马伟华博士商榷[J]. 中国科技史杂志，2016, 37(4): 413–425.

[5] 吕凌峰，石云里．礼制、传教与交食测验：清钦天监档案中的交食记录透视[J]. 自然辩证法通讯，2002(06): 44–50; 石云里，付邦红．《崇祯历书》和《历象考成后编》中所述的蒙气差修正问题[J]. 中国科技史料，2001(03): 67–75. 张祺也曾对《历象考成》与《崇祯历书》的日月运动和交食算法做过系统考察，见：张祺．《历象考成》对《崇祯历书》日月和交食理论的继承与发挥[D]. 呼和浩特：内蒙古师范大学，2014.

[6] 严敦杰．明清之际西方传入我国之历算记录[M]//梅荣照．明清数学史论文集[C]. 南京：江苏教育出版社，1990: 114–181; 江晓原．《崇祯历书》的前前后后（上）[J]. 中国典籍与文化，1996(04): 55–59; 江晓原．《崇祯历书》的前前后后（下）[J]. 中国典籍与文化，1997(02): 112–116; 江晓原．欧洲天文学在清代社会中的影响[J]. 上海交通大学学报（哲学社会科学版），2006(06): 37–43; 江晓原，钮卫星．欧洲天文学东渐发微[M]. 上海：上海书店出版社，2009; 吴伯娅．康熙与《律历渊源》的编纂[J]. 故宫博物院院刊，2002(04): 62–67.

革活动细节做过深入的研究[1]，关于清初对西历的接受和清初士人和传教士的活动以及冲突，黄一农、郭世荣等人有过深入研究。[2] 韩琦从中西文化交流的角度来考察清初传教士在华的科学活动以及清初士人在历算活动中对西学态度的转变。[3]

尤其值得注意的是，康熙末年的改历活动和大地测量都是康熙皇帝主导自上而下的科学活动——利用西方新传入的科学知识来巩固自己的统治，二者开展的时间接近，而且在改历和大地测量中都需要重新测量经纬度，前人的研究多是对其中一方的考察，但是对于康熙时期大地测量与历法改革、天文测量与大地测量的关系的讨论不多。康熙大地测量是康熙朝非常重要的一项科学活动。《皇舆全览图》是我国首次利用西

[1] KEIZO HASHIMOTO. Hsii Kuang-ch'i and Astronomical Reform: The Process of the Chinese Acceptance of Western Astronomy 1629-1635[M]. Osaka: Kansai University Press, 1988; 桥本敬造 . 崇祯改历和徐光启的作用 [M]// 中国科技史探索 . 上海 : 上海古籍出版社 , 1986: 191-204; 桥本敬造 . 中国清朝初期的天文历算学 [J]. 科学史译丛 , 1984(2):39-43.

[2] 黄一农 . 汤若望与清初西历之正统化 [M]// 新编中国科技史：下册 . 台北 : 银河文化事业公司 , 1990: 465-490; 黄一农 . 清初钦天监中各民族天文学家的权力起伏 [J]. 新史学 , 1991, 2(2): 75-108; 黄一农 . 从汤若望所编民历试析清初中欧文化的冲动与妥协 [J]. 清华学报 , 1996, 26(2): 189-220; 韩琦 . 康熙朝法国耶稣会士在华的科学活动 [J]. 故宫博物院院刊 , 1998(02): 68-75; 黄一农 . 通书 : 中国传统天文与社会的交融 [J]. 汉学研究 , 1996, 4(2): 159-186; 黄一农 . 清前期对“四余”定义及其存废的争执 : 社会天文学史个案研究 (上)[J]. 自然科学史研究 , 1993(03): 240-248; 郭世荣 . 何国宗、梅瑴成与传教士之间的合作与斗争 [J]. 自然辩证法通讯 , 2012(1): 7-12, 125.

[3] 韩琦 . 自立”精神与历算活动 : 康乾之际文人对西学态度之改变及其背景 [J]. 自然科学史研究 , 2002(3): 210-221; 韩琦 . 科学、知识与权力 : 日影观测与康熙皇帝在历法改革中的作用 [J]. 自然科学史研究 , 2011, 26(3): 303-311; 杜石然 , 韩琦 . 17、18 世纪法国耶稣会士对中国科学的贡献 [J]. 科学对社会的影响 , 1993(03): 55-64; 韩琦 . 17、18 世纪欧洲和中国的科学关系 : 以英国皇家学会和在华耶稣会士的交流为例 [J]. 自然辩证法通讯 , 1997(03): 47-56, 80.

方的测量技术绘制的中国地图，也是世界上首次进行的大规模三角测量活动。主持这次测量活动的传教士把地图传回欧洲，成为很长一段时间内欧洲了解中国的疆域的主要来源。法国人杜赫德把传教士传回的信件以及地图收录在自己所编的书中，即为有力证据。

关于这次测绘活动国内留下的史料记载很少，多见于传教士的记录，葛剑雄曾把杜赫德书中记载的传教士关于这次测绘活动的记录翻译成中文。[1] 关于康熙天文大地测量活动的研究，较早的有民国时期翁文灏的《清初测绘地图考》[2] 一文，至今仍具有参考价值。该文以法语材料为基础，对《皇舆全览图》测绘的经过、方法和意义进行深入考察。德国人福克司（Walter. Fuchs）就发现的木版《皇舆全览图》做了一系列文章[3]。方豪就康熙大地测量中云南、贵州、台湾以及琉球群岛等地的测绘情况进行考察，从中西交通史的角度提出了新的观点。[4] 冯宝琳也对《皇舆全览图》的版本进行过考察，还对涉及这次测绘的中国史料进行了梳理[5]。研究者选取研究的方向有很多，如：对有关这次测绘活动的史料进

[1] 杜赫德．测绘中国地图纪事 [M]// 谭其骧，侯仁之，史念海．历史地理：第二辑．上海：上海人民出版社，1982: 206–212.

[2] 翁文灏．清初测绘地图考 [J]. 地学杂志，1930(3): 405–448.

[3] 福克司．康熙时代耶稣会教士所绘之中国地图 [J]. 顾华，译．中德学志．1941, 3(3): 433–441.

[4] 方豪．康熙五十三年测绘台湾地图考 [J]. 文献专刊，1949, 1(1): 28–53; 方豪．康熙间西教士至余庆测绘舆图之一段记载 [J]. 益世报史地周刊，1947(54); 方豪．康熙间测绘滇黔舆图考 [M]// 方豪六十自定稿．台北：台湾学生书局，1969: 515–522; 方豪．康熙五十八年清廷派员测绘琉球地图之研究 [M]// 方豪六十自定稿．台北：台湾学生书局，1969: 522–556.

[5] 冯宝琳．康熙《皇舆全览图》的测绘考略 [J]. 故宫博物院院刊，1985(01): 23–31.

行整理，梳理这次测绘的过程[1]；关于这次测量的仪器的研究[2]；参与的人员[3]；从疆域划分的角度考察这次大地测量[4]；对此次测量所绘制地图的版本流传以及谬误的研究[5]；以及对这次测量所绘制的地图所使用的投影方法的考察……[6]

---

[1] 吴博娅 . 康熙帝与《皇舆全览图》[J]. 中国国家天文 , 2012(增刊): 24–33; 钮仲勋 . 我国各民族对清朝康熙乾隆年间经纬度测量的贡献 [J]. 民族研究 , 1980(03): 64–67.

[2] 冯锦荣 . 17、18 世纪法国科学仪器制造家与康熙年间天文大地测量：以皮卡尔、拉伊尔、罗默、巴特菲尔德、沙波托父子及比翁所制仪器为中心 [J]. 中国国家天文 , 2012(增刊): 82–113; 刘宝建 . 康熙朝大地测量用仪器说略 [J]. 中国国家天文 , 2012(增刊): 62–67.

[3] 李迪 . 明安图在我国地图测绘方面的贡献 [J]. 内蒙古师院学报 (自然科学),1964 (00): 89–95; N. 哈斯巴根 . 传教士与康熙朝蒙古舆图的绘制 [J]. 中央民族大学学报 (哲学社会科学版), 2010(03): 92–96.

[4] 马孟龙 . 穆克登查边与《皇舆全览图》编绘：兼对穆克登"审视碑"初立位置的考辨 [J]. 中国边疆史地研究 , 2009(03): 85–99; 孙冬虎 . 清代国人对西藏地理的考察与记载 [J]. 测绘科学 , 2004(S1): 151–153; 孙喆 .《中俄尼布楚条约》与《康熙皇舆全览图》的绘制 [J]. 清史研究 , 2003(01): 103–107; 孙喆 . 从两幅地图看 18 世纪初期清人对黑龙江流域的认识 [J]. 中国地方志 , 2006(06): 55–60.

[5] 孙涛 .《清廷三大实测全图集：康熙皇舆全览图》错排纠谬 [J]. 历史地理 , 2012(00): 489–490; 赵寰熹 .《皇舆全览图》各版本对比研究 [J]. 满族研究 , 2009 (04): 56–60; MARIO CAMS The China Maps of Jean–Baptiste Bourguignon d'Anville: Origins and Supporting Networks[J]. The International Journal for the History of Cartography, 2014, 66(1): 51–69; 程龙 .《中华帝国全志》所附中国地图的编绘 [J]. 中国文化研究 , 2014(02): 111–121.

[6] 汪前进 . 康熙铜版《皇舆全览图》投影种类新探 [J]. 自然科学史研究 , 1991(02): 186–194; 陆俊巍 , 韩昭庆 , 诸玄麟 , 等 . 康熙《皇舆全览图》投影种类的统计分析 [J]. 测绘科学 , 2011(06): 16–18.

本书结构

第一章主要对明末地圆说及经纬度概念传入之前的情况进行考察。在地圆说及经纬度传入以前，中国古代的历法家通过观测隐约察觉了经纬度对交食及昼夜时刻的影响，并引入了“服差”和“里差”的概念以及相关的算法。本章还对明末利玛窦传入的经纬度知识以及中国士人对此的反映进行了梳理。

第二章主要考察徐光启作为改历的推动者与西法的支持者，在崇祯改历中是如何具体运用经纬度概念的。首先，明末改历存在三家历法的竞争，西法胜出的一个重要原因就是推算交食更加准确，本章考察徐光启及其继任者李天经如何反复利用这一点，来强调西法的优越性。其次，考察徐光启对经纬度与传统历法概念“里差”和“北极高度”的看法。最后，在崇祯历争中，探讨面对以魏文魁、冷守中为代表的传统派人士论战和实际较量中，徐光启是如何通过引入经纬度概念对交食的原理进行说明，进而指出魏文魁对历理的不明和冷守中方法的粗疏，进而捍卫西法的优势地位。本章还将对徐光启的五次月食预报记录进行分析。

第三章主要探讨清初历法修订中利用经纬度进行的推算。清初，传教士在钦天监取得了控制权，西法获得了官方历法的地位。康熙皇帝本人对于西方的天文历算充满强烈的兴趣，他设立蒙养斋来培养历算人才，编纂了《历象考成》。本章具体考察《历象考成》中，地理经度在推算二十四节气与月食时刻是如何被运用的、如何应用纬度来进行昼夜时刻的推算，以及地理经纬度是如何体现在日食算法中的。最后还对明末清初纬度的测量情况进行了比较分析。

第四章主要对康熙大地测量的情况进行考察。首先讨论这次大范围经纬度测量得以进行的两个关键因素——康熙皇帝与传教士。其次指出为绘制《皇舆全览图》进行的几次尝试性测量。本章还对《皇舆全览图》的测绘过程进行了梳理，对测量的经度数据进行了分析。

第五章以参与测量的人员为线索，探讨清代大地测量与天文测量经纬度的关系。本章首先对从明末到清初的经纬度测量的精度进行了分析，并从数据分析出发，比较大地测量与改历测量经纬度的关系。对具体参与两个科学活动的测量人员进行了比较和分析。

第六章对前面五章内容进行总结，并尝试分析大地测量与天文测量经纬度出现“脱节”的原因。

本书所采用的研究方法主要有文献研究、比较研究、数据分析。

第一章 地圆说、经纬度、历法计算：明末及以前的考察

17 世纪以前，中国人和西方人眼中的大地形状是截然不同的：西方人认为自己生活在球形的大地上，而中国人则认为自己活动在天圆地方的世界中。随着传教士入华传教，不管他们根本目的为何，西方的地圆说以及以地圆说为基础的天文学体系随之传入中国，并引发了一系列文化思想上的冲突。在早期传教士传入的世界地图中，地圆说以及经纬度概念均有明显体现，均详细介绍了经纬度在天文学和地理学两个学科领域的具体原理和测量方法。西方地圆说和经纬度知识传入之时，也是中国传统天文学在努力寻求变革的时代。借此之机，西方的天文知识进入中国的历法体系，最终在算法上实质取代了传统天文学。本章主要对明末地圆说及经纬度概念传入的背景进行梳理。

中国古代的“北极高度”“里差”与历法算法的改进

地理经纬度是利用球面来定义地球上的空间位置的球面坐标系统。中国古人认为天圆地方，大地的形状更接近于一个平面，自然也就没有现代意义经度、纬度的概念。在明末传教士来华之前，地圆的思想受到外部的刺激与影响在中国也曾隐约流传[1]。出土的古罗马金币上含有地球的图案更是证明在隋唐时期地球的概念曾经传入中国[2]。据《元史·天文志》记载，西域人扎马鲁丁曾造了一件仪器："其制以木为圆球，七分为水，其色绿，三分为土地，其色白。画江河湖海，脉络贯串于其中。画作小方井，以计幅圆之广袤、道里之远近"[3]。可见这件仪器非常接近现代意义上的地球仪，提到的“小方井”很可能就是经线、纬线交织而成的格子，用来度量和标注球面上的空间。所以说，地圆说及经纬度概念，在明末传教士来华之前，可能在个别学者特别是了解天文的学者中已有所了解，

[1] 陈美东．试论我国古代的地圆思想 [C]// 王渝生．第七届国际中国科学史会议文集．郑州：大象出版社，1996: 264–268.

[2] 汪前进．从出土东罗马金币上的地球图案探讨西方地圆概念隋唐时期在中国的传播和影响 [C]// 刘钝，韩琦．科史薪传：庆祝杜石然先生从事科学史研究四十年学术论文集．沈阳：辽宁教育出版社，1997: 268–279.

[3] 宋濂，王祎．元史·天文志 [M]// 历代天文律历等志汇编．北京：中华书局，1976: 1193.

但是并没有被大范围传播，更不要提被中国人所接受了。但是，中国传统天文学中北极高度和“里差”的概念与现代经纬度的概念相关。

中国古人对于天地结构的认识，最为主要的是盖天说、浑天说及宣夜说。盖天学派基本的认知是天圆地方，天覆地上，特别是以产生于汉代的《周髀算经》所载内容作为盖天说的经典。运用盖天说可以解释关于昼夜变化等一些现象，但是还和实际情况存在差异，而且无法满足历法中定量的天文计算。浑天说出现晚于盖天说，且弥补了盖天说在解释天象上的不足。浑天家认为，天是一个球壳，地处在天的包裹中，每天天球携带日月星辰绕南北极轴自转一周。浑天说的经典著作是张衡的《浑天仪》，其中记载：

浑天如鸡子，天体圆如弹丸，地如鸡子中黄，孤居于内，天大而地小。天表里有水，天之包地犹壳之裹黄。天地各乘气而立，载水而浮。……其两端谓之南北极，北极乃天之中也，在正北，出地上三十六度，然则北极上规径七十二度，常见不隐。南极乃地之中也，在正南，入地三十六度，南极下规七十二度，常伏不见。……天转如车毂之运也，周旋无端，其形浑浑，故曰浑天也……

此段文字中，涵盖了对浑天说的一般性介绍，这种介绍仅是描述天地之间的位置关系，并没有把地看作一个球体，天内的地还是浮于水面上的一个平面。此段文字中，特别说明北天极出地高度为三十六度，为一种定量的描述。[1] 但实际上，不同纬度的地方，上述文字中提到的北极高度、恒显圈等常数并不一致。浑天说中关于大地形状的观念下，一直有不同地点“千里影长差一寸”的说法，即历法家意识到不同地点日

[1] 某地北极高度，即北天极出地的高度和该地的地理纬度数值上相等。这也暗示，此说中的地点为地理纬度为三十六度的地点。经过验算，古度三十六度，相当于今 35.5°，相较于阳城、洛阳都偏北。

影长度存在差别，显然也会注意到于不同地点北天极高度以及恒显圈存在差异，但是唐代以前似乎并没有特别重视。

由汉至唐疆域面积广大，历法家们的观测范围变大，观测数据得到了累积。历法家们认为，“千里影长差一寸”的说法“又乖舛而不同矣”。又有史料记载：

贞观中，史官所载铁勒、回纥部在薛延陀之北，去京师六千九百里。又有骨利干居回纥北方瀚海之北，草多百药，地出名马，骏者行数百里。北又距大海，昼长而夕短，既日没后，天色正曛，煮一羊胛才熟，而东方已曙。盖近日出入之所云。凡此二事，皆书契所未载也。[1]

这里就提到唐贞观年间，在与京师遥距六千九百里的铁勒、回纥部的更北方，一个叫骨利干的地方，其夜极短，与京师大不同。这则逸闻实则指出了不同地点昼夜长短的不一致，这实际上就是骨利干这个地方比长安（今西安）纬度更高，更靠近北极。于是开元年间僧一行（图 1.1）组织了大规模的大地测量，测定了多个地点的北极高度和二分、二至晷影长度，以及北极高度数值，纠正了“千里影长差一寸”的说法，得出“三百五十一里八十步而极差一度”的结论。进而发现“每极移一度，辄累其差，可稽日食之多少，定昼夜之长短”，即北极高度不同，据此计算的不同地点的日食食分以及昼夜时皆有差异。为了描述这种差异性，一行《大衍历》引入了九服晷长、漏刻和食差的计算方法[2]。一行组织的这次测量，只是测量各地正午时刻的日影长度，虽说实际上相当于测出了子午线一度的弧长，但当时一行、南宫说等人并无地圆观念，不知某地北极高度就是该地的地理纬度。元代的国家疆域面积进一步扩大，郭守敬再次组织大规模的“四海测验”，其测量范围以及观测点都超过

[1] 旧唐书·天文志 [M]// 历代天文律历等志汇编 . 北京 : 中华书局 , 1976: 665.

[2] 陈美东 . 中国科学技术史·天文学卷 [M]. 北京 : 科学出版社 , 2003: 387–390.

了一行的工作，此次测得了 27 个地点北极高度，以及部分地点的夏至日影长和昼夜时刻，更新了历法算表。图 1.2 为唐代南宫说所造的周公测影台，图 1.3 为郭守敬大地测量期间所造的登封观象台。

图 1.1　一行像

图 1.2　周公测影台，为唐代大地测量器件南宫说所造

图 1.3　登封观象台，郭守敬大地测量期间所造，测量日影长度

“里差”概念及其在历法算法中的应用，是由元代少数民族天文学家耶律楚材提出的。“里差”一词出自《周髀》“千里差一寸”的说法，

原指地面上南北距离每相隔一千里，则八尺圭表测得的日影长度相差一寸。虽然南北朝以后，这个观点被天文学家的实测结果否定，但是天文学家那个“里差”一词表示天文观测与地理差异的关系表述。元太祖十五年（1220 年）五月，耶律楚材（图 1.4）随成吉思汗西征，他发现在寻思干城（今撒马尔罕）发生的一次月食时刻与当时使用的《大明历》的推算结果不同，他认为除了《大明历》使用年久的原因外，还因为观测地点存在差异，《大明历》只适用于中原地区。于是在其所编制的《庚午元历》中给出了“里差”的概念，他对“里差”的定义是：

以寻斯干城为准，置相去地里，以四千三百五十九乘之，退位，万约为分，曰里差……以东加之，以西减之。[1]

这里，“里差”相当于换算两地时间差的一个改正项，若要计算两地时差则需要进一步换算。孙小淳认为，从本质上说，“里差”是地理经度在历法推算中的应用[2]。郭津嵩认为“里差”法的设定指“万里一时”，即反映的是东西相距一万里对应时差差一时（约 2 小时），十一种简单粗略的构似。[3] 但是《庚午元历》并没有被颁行，“里差”相关的推算也没有被此后郭守敬组织编纂的《授时历》所沿用。“里差”实际上是在历法推算中由于不同地点地理经度差引起的地方时的改正，“里差”通过换算也可转换成地理经度，因为中国古代没有地圆以及经纬度的概念，古人不能完全理解其进行大地测量工作的意义，并且对“北极高度”和“里差”概念在历法推算中的意义不能从原理上进行说明。

[1] 元史·历志五 [M]// 历代天文律历等志汇编 . 北京：中华书局 , 1976: 3476.

[2] 孙小淳 . 从“里差”看地球、地理经度概念之传入中国 [J]. 自然科学史研究 , 1998(4): 304–392.

[3] 郭津嵩 . 撒马尔干的中国历法：耶律楚材的“西征庚午元历”及其“里差”法考辨 [J]. 中华文史论丛 , 2021(1): 279–405.

图 1.4　耶律楚材像

地圆说以及经纬度知识的传入

自从 1583 年传教士利玛窦（Matteo Ricci，1552—1610）（图 1.5）在广东肇庆向中国人展示其所绘的世界地图后，地圆说及经纬度的概念经由早期传教士绘制的世界地图，在一部分士人群体中传播开来，此时传教士向中国人展示的地图中，经纬度被应用于天文和地理两个学科，可以说，传教士介绍的是满足天文和地理两个目的的新知识。

利玛窦世界地图采用的是椭圆投影，并且标明经纬度。1584—1603 年，利玛窦曾绘制多幅世界地图赠予感兴趣的中国士人，晚明士人以一种猎奇的态度来对待新传入的世界地图[1]，一时间其绘制的地图大受欢迎。利玛窦绘制的世界地图有多个版本，如最初在肇庆绘制的《山

[1] 祝平一．说地：中国人认识大地形状的故事 [M]. 北京：商务印书馆，2016.

海舆地图》，在南京绘制的《山海舆地全图》，在北京绘制的李之藻版的《坤舆万国全图》（图 1.6）、李应试版的《两仪玄览图》、冯应京版的《东西两半球图》，以及其他的相关版本。[1] 其中以李之藻版的《坤舆万国全图》和《两仪玄览图》两个刻本比较常见。

图 1.5　利玛窦与徐光启

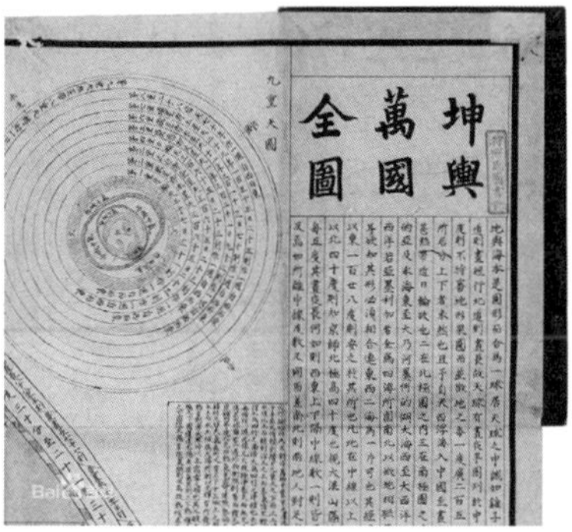

图 1.6 《坤舆万国全图》上的地理知识介绍

在图上的空白部分，利玛窦用大量的文字来介绍西方的宇宙体系和地理新知识，尤其介绍了地圆的概念和经纬度的测量方法。[2] 在《坤舆

[1] 各个版本具体的绘制情况见：黄时鉴，龚缨晏．利玛窦世界地图研究 [M]. 上海：上海古籍出版社，2004.

[2] 利玛窦绘制的世界地图上的大部分文字都被收录到利玛窦与李之藻合著的《乾坤体义》中。

万国全图》总说一开始便指出地为球形，把天地对应起来，天有赤道、南北极，地亦与之对应：

地与海本是圆形而合为一球，居天球之中，诚如鸡子，黄在青内。……天既包地，则彼此相应，故天有南北二极，地亦有；天分三百六十度，地亦同之。……但天包地外为甚大，其度广。地处天中为甚小，其度狭。此其差异者耳。

而后又进一步指出，人在地面上南北直行二百五十里，南、北极高度变化一度：

查得直行北方者，每路二百五十里觉北极出高一度，南极入低一度。直行南方者，每路二百五十里，觉北极入低一度，南极出高一度。则不特审地形果圆，而并微每一度广二百五十里。

利玛窦在地图上利用纬线度量地球南北长度，用经线度量地球东西长度。指出各地纬度不同，导致昼夜时刻也各异：

又用纬线以著各极出地几何，盖地离昼夜平线度数与极出地度数相等，但在南方，则著南极出地之数，在北则著北极出地之数也。凡同纬之地，其极出地数同，则四季寒暑同态焉。若两处离中线度数相同，但一离于南，一离于北，其四季并昼夜刻数均同，惟时相反焉，盖此之夏为彼之冬焉耳。其长昼长夜愈离中线愈远，则其长愈多也。

又指出，可通过两地经度差来确定两地时差，经度上差三十度，时间上差一个时辰，而且经度影响各地的见食时刻，只有同经度才能同时看见日月食：

用经线以定两处相离几何辰也。盖日轮一日作一周，则每辰星三十度，而两处相违三十度并谓差一辰。……设差六辰，则两处昼夜相反焉，如又离中线度数同而差南北，则两地人对足氐反行。故南京离中线以北三十二度，离福岛一百二十八度，而南亚墨利加之玛八作离中线以南三十二度，离福岛三百零有八度，则南京于玛八作人相对反足底行矣。从此可晓，同经线出并同时间日月蚀矣。[1]

在地图下部，利玛窦提到了通过观测北极星以及太阳的高度来确定纬度的方法。利用被叫作“量天尺”的测量仪器，“夜对北极望之，看在地线上几十度，即知此地北极出地若干度，为此地离赤道若干度。”另外一种方法为：“用正午时望太阳之影，亦知地方所离赤道之数，更为明白”，并同时附上“太阳出入赤道纬度表”以供查用。利玛窦地图上没有测量经度的方法，其应是利用月食法来确定经度的。

利玛窦本人在旅行途中以及来到中国后实际测量过多地的经纬度。所以在 1583 年 2 月的信中利玛窦说道：“目前我所处的位置（澳门）为北纬二十二度半，东经根据可靠的报道为一二五度。”在 1584 年的信中，他提到：“我曾清楚地观察过两次月食，一次在澳门，很仔细地观察，而另一次在肇庆，它在澳门北方，差不多在一百二十四度左右。”可见利玛窦是通过观察月食来确定澳门和肇庆位置的。纬度测量相对容易，不像经度测量需要特定的天文现象出现，所以利玛窦来中国后在各地奔走，一路上不断测量纬度。1595 年，利玛窦在中国旅行途中至少测得了南方七个城市的位置，它们是赣州、吉安府、南京、南昌、昭宁府、九江府、南康，而且南京和赣州两地的纬度在利玛窦的书信中多次被提及。1598—1599 年利玛窦借着进访北京的机会，又测了一些城市的纬度。

[1] 利玛窦，李之藻．乾坤体义 [M]// 薄树人．中国科学技术典籍通汇·天文卷（八）．河南：河南教育出版社，1997: 288.

中国人对地圆说的反映

在利玛窦之后来华的传教士的各种著作中，均有论述地圆说以及用经纬度概念论证解释的内容。如熊三拔（Sabbathin de Ursis，1575—1620）《简平仪说》《表度说》，阳玛诺（Emmanuel Diaz，1574—1644）的《天问略》，艾儒略（Jules Aleni，1582—1649）和庞迪我（Diego de Pantoja，1571—1618）的《职方外纪》等，甚至宗教性著作《无极天主正教真传实录》也有一定篇幅对地圆说进行论说[1]。

中国人面对传入的世界地图视之为文人清玩，把传入的世界地理知识，更多视之为异域奇谈。开始有中国士人在自己的著作中对利玛窦传入的世界地图进行了翻印或者摹绘，如程百二《方舆胜略》翻刻自冯应京版的《东西两半球图》，熊明遇、熊人霖父子的《函宇通》中的世界地图就摹自利玛窦世界地图[2]。面对传入的地圆说及经纬度的概念，很多人并不愿意接受传入的新知识。另一类反对地圆说的士人是对新知识有所了解，但受自身固有知识背景的限制，故而作出似是而非的驳

[1] 该著作发表时间要早于利玛窦的世界地图，但是传播范围很小，远比不上利玛窦的世界地图的影响范围。

[2] 林东阳．利玛窦的世界地图及其对明末士人社会的影响 [M]// 纪念利玛窦来回四百周年中西文化交流国际学术会议论文集．台湾：辅仁大学出版社，1983: 311–378.

难[1]。明末清初的士大夫中，李维桢、王夫之以及后来的杨光先都属于第一类人，如宋应星和张雍敬则属于第二类。还有一部分中国士人是乐于接受地圆说的。其中大多数是仅从知识和思想层面进行吸收和思考，但也有少部分人从科学技术的角度作出理解和阐述[2]。当时论证地圆说合理性的证据主要有三：一为当地人处于南北不同地点时，北极高度会变化；二为存在“时差”；三为月食发生时地影为圆形。对于在天文历算上有所造诣且思想开放的人来说，支持地圆说的论证是很容易被接受的，其中首推徐光启和李之藻，徐、李二人对传入的西学知识推崇备至。《乾坤体义》中附有徐光启曾为利玛窦世界地图所作的序言，文中徐光启抓住北极出地高度不同这个比较容易被观测到的现象来论证地圆说的可确认性[3]。

明末中国传统历法正寻求变革，西方的天文算法传入中国。地圆说是西方天文学的几何体系的重要基本原理之一，利用经纬度可以进行一系列的推算。在改历的背景下，作为传入的西方历算基础的地圆说概念从思想层面进入到应用层面，也正是在改历过程中对经纬度的利用使地圆说真正在中国站住脚跟。

[1] 黄时鉴，龚缨晏．利玛窦世界地图研究 [M]. 上海：上海古籍出版社，2004: 94.

[2] 同上书，104。

[3] 第二章会详述徐光启作为崇祯改历的领导者对经纬度概念的认识和如何利用经纬度知识捍卫“西法”优越性的。

第二章　崇祯改历中经纬度与“西法”的确立

明代自洪武十七年（1384 年）开始颁行《大统历》，同时辅以《回回历法》。自明中期始，历法推算不准屡有发生，改历的呼声一直存在，但或因人事或因能力均未实行。至传教士来华，西方的天文学传入，“新法”与传统历法又展开竞争。在明末中西方天文学传入以及推进崇祯改历的过程中，徐光启起着绝无仅有的作用。如果没有徐光启的领导推动和细致规划，《崇祯历书》的编纂很难得以进行。经纬度概念伴随地圆说传入中国，首先在天文领域产生实际影响。在崇祯改历中，徐光启抓住利用经纬度这一新传入的概念以及西法可预报多地交食，力图证明西法的优越性。

明末的历法危机与三家历法竞争的局面

中国古代历法需要改革的最主要原因是历法与天象不符或历法推算不够准确，至于改朝换代等人为因素仅为次要因素[1]。中国古代典籍中有具体内容记载的历法有一百多部，如果加上史料中略有提及并无具体内容的，则可达到两百部以上，但是历代实际颁行使用的历法约有五十种，也就是说并不是所有的历法都会被颁行。在历法需要变革的时候经常会出现历法家们各执己见、争论不休的局面，如汉初的太初改历，最初十八家历法可供选择，经过三十余年的校验、争论最终尘埃落定，《太初历》才得以被颁行。是否与实际天象符合是检验一部历法优劣的重要标准，尤其以交食之验最为人们重视，从东汉改历就被作为评判历法疏密的标准。明代使用的官方历法一直为《大统历》，《大统历》是据元代郭守敬《授时历》改编而成。同时，官方对于《回回历法》也有一定的重视。据《明史・天文志》记载，“回回历始终隶于钦天监，与大统参用”。终明一朝，《回回历法》与《大统历》两派历法虽未达到有你无我的激烈竞争程度，但他们之间也一直存在比较。据石云里、李亮等人的研究，在日月食食分的推算上《回回历法》要优于《大统历》，在日月

[1] 陈美东. 观测实践与我国古代历法的演进 [M]// 古历新探 . 沈阳：辽宁教育出版社，1993：488.

食食甚时刻的推算上《回回历法》要逊色于《大统历》[1]，而且《回回历法》还承担了推算月亮与五星凌犯的任务，以满足星占的要求[2]。

从成化年间开始，因为天象屡推不准，不断有人上书提出改历。直到万历初年，多次的改历建议均被司天监以各样的原因拒绝或搁置。由于明初朝廷禁止民间私习天文，导致民间缺乏通晓历算之人，且负责编制历法工作的钦天监也无力修订历法：成化十五年（1479 年）钦天监推算月食不准；成化十七年（1481 年）真定教谕俞正己上疏《改历议》，奏疏被驳回，并且俞正己被下狱；成化十九年（1483 年）天文生张升上奏请改历法，钦天监以“祖制不可变”再次拒绝了张升的改历请求；正德十二年（1517 年）和十三年，钦天监推算日食与天不合，漏刻博士朱裕以及中官正周濂分别建议改历，但是礼部回复以“定历授时，乃朝廷重点，未可轻议，今后凡日月交食，本监生一依古法推算”[3] 为由拒绝了他们的改历请求。

正德十五年（1520 年），礼部员外郎郑善夫奏言：

日月交食，日食最为难测。盖月食分数，但论距交远近，别无四时加减，且月小暗虚大，八方所见皆同。……日行有四时之异，月行有九道之分。故南北殊观，时刻亦异，必须据地定表，因时求合。如正德九年八月辛卯日食，历官报食八分六十七秒，而闽、广之地，遂至食既。时刻分秒，安得而同？今宜按交食以更历元，时刻分秒，必使奇零剖析

[1] 李亮，吕凌峰，石云里.《回回历法》交食精度之分析 [J]. 自然科学史研究，2011, 30(3): 306–317.

[2] 石云里，李亮，李辉芳.从《宣德十年月五星凌犯》看回回历法在明朝的使用 [J]. 自然科学史研究，2013(2): 156–164.

[3] 何丙郁，赵令扬.明实录中之天文资料 [M]. 香港：香港大学出版社，1986: 491.

详尽。不然，积以岁月，躔离朓朒，又不合矣。不报。[1]

郑善夫在奏疏中提到月食各地所见皆同，日食则随地不同的现象，还以正德九年（1514年）的日食为例，京师可见日食食分较大，而福建、广东两地食分很小，为了预测准确，他主张通过在各地实测修订历法算表，但是他认为实测各地交食之后下一步再修正历元，就可以预报准确了，可见他对于日食随地不同的真正原因还是不知道的。结果是郑善夫的改历提议仍不被接受。嘉靖二年（1523年），负责钦天监事务的华湘上疏请改历，并强烈建议进行实测，虽然礼部接受了华湘的建议，但并无下文。万历十二年（1584年）日食，《回回历法》推算日不食，《大统历》推算日食九十二秒，结果是《回回历法》更准确。于是礼科给事中侯先春上奏："回回历科推算日月交食，五星凌犯，最为精密，何仿纂入《大统历》中，以备考验。"[2] 侯先春把改历的希望寄托在《回回历法》上。

从万历中期开始，学习历法的士人日渐增多，传统天文学研究出现了复兴的局面[3]，比较有代表性的人物就是朱载堉和邢云路。到了万历二十年（1592年），钦天监推算月食已经与实际发生时间差一日，历法推算不准的情况更加严重。万历二十三年（1595年），朱载堉进呈《历学新说》，包括《律历融通》四卷、《圣寿万年历》二卷和《万年历备考》三卷。朱载堉对传统历法特别是《授时历》进行深入考察，他曾利用《大统历》和《授时历》推算节气时刻，发现"考古则气差三日，推今则时差九刻"，朱载堉主张对《大统历》和《授时历》"和会两家，酌取中数，立为新率，编撰成书"，即融合《大统历》和《授时历》的相关数据。

[1] 张廷玉．明史·天文志[M]// 历代天文律历等志汇编 北京：中华书局，1976：3529.

[2] 同上书，3530。

[3] 薄树人．中国天文学史[M]．台北：文津出版社，1996：278-279.

朝廷对朱载堉给予了赞许，这是朝廷第一次对建议改历者做出嘉奖，当然这与朱载堉皇族的身份不无关系，不可随意打发。但是其所进呈历书仍旧被搁置，其改历建议仍以失败告终[1]。在朱载堉进呈自己历法的第二年，邢云路上疏建议改历，获得了不少官员的支持，却同样遭到了钦天监监正张应侯的断然反驳。虽然建议被拒，邢云路也没有放弃对天文历法的研究，他与魏文魁合作，完成了《古今律历考》。可见当时朝廷中一部分官员已经意识到《大统历》存在很大的问题，也倾向支持改历，但是钦天监官员却无力改历而且不思变革，对改历的建议大加阻挠。

随着明末传教士来华，大量的西方文化知识传入，西方天文体系成为明末改历中的又一支生力军。利玛窦于万历二十九年（1601 年）获准进京，曾向万历皇帝表达希望参与修订历法的心愿。一些通过传教士接触过西方天文和数学知识的人，也把改历的希望寄托于新传入的西方天文学，希望西洋人能参与到改历中来。万历三十八年（1610 年），钦天监再次推算日食，职方郎范守己指出钦天监的推算还是存在错误，于是礼部博求通晓历法之人，来与钦天监官员共同观测修历。周子愚上奏，请求翻译西方天文历法书籍。进而礼部也奏请皇帝，希望邢云路和范守己来京修历，同时又希望徐光启和李之藻与西洋传教士庞迪我等人共同翻译西洋历法，来“俾云路等参订修改”，可见礼部希望仍以传统的《大统历》为主，西洋历法像过去的《回回历法》一样提供参考作用。朝廷随后征召邢云路和李之藻入京修历，但是“云路据其所学，之藻则以西法为宗”，中国传统历法是代数体系，西方历法是几何体系，二者在本质上就是不同的，所以很难融合参订。到了万历四十一年（1613 年），可能是看到自己所坚持的“西法”在修历过程中并无用武之地，李之藻

[1] 万鼐. 朱载堉研究 [M]. 台北：故宫博物院，1992：157-159.

离开北京，去往南京任职。可以说从万历四十年（1612 年）到天启元年（1621 年）在钦天监内只有邢云路在领导改历，所坚持的方法仍然是中国传统的方法[1]。

崇祯二年（1629 年）日食，依《大统历》和《回回历法》再次推算不准，其结果远远不如“西法”推算精确，于是崇祯皇帝下定决心宣布开局修历，这一次改历由徐光启主持，主要是大量地、系统地引入西方天文学知识，编纂历书。在崇祯改历的过程中，传教士直接参与了制作测量仪器、编制历表的工作。当时徐光启已官至礼部左侍郎，并且第二年（1630 年）升至礼部尚书，以礼部尚书领衔修历仍然招致大量反对西法的声音。由于中西方历法本质上的差异，采用一方的历法就必定不能同时采用另一种。虽然当时邢云路已经去世，但是以魏文魁为代表的传统派与以徐光启为代表的新法派，又展开了激烈的竞争。崇祯改历过程中，各方的历法家都同意以预报天象的精度作为判断标准。《明史·天文志》记载了崇祯改历期间的八次预报与验历，每一次皆是各派历法家提前推算出结果，然后利用实测进行检验，最终的结果都是西法优于《大统历》和《回回历法》。但是，即使西法表现了如此的精确性，传统派也没有放弃争辩。徐光启在世时，由于他在朝中的声望地位，这种争辩尚不能阻止历局的工作，翻译编纂的工作还能够进行。但是徐光启去世后，“历争”愈演愈烈，而徐光启的继任者李天经当时“言历者四，大统、回回外，别立西洋为西局，文魁为东局。言人人殊，纷若聚讼焉。”[2]这直接导致《崇祯历书》在崇祯七年（1634 年）末编纂完成后迟迟不能颁行使用。直到明朝灭亡前，才得以刊刻。清军进入北京之后，汤若望以其在历算方面的优势作为自己投效清廷的敲门砖，先是进呈各种仪

[1] 王淼．邢云路与明末传统历法改革 [J]. 自然辩证法通讯 , 2004(4): 79–85.

[2] 张廷玉．明史·天文志 [M]// 历代天文律历等志汇编．北京：中华书局 , 1976: 3546.

器，并且上奏疏预报当年九月二日京师及各省直日食以及来年二月的月食，请求检验，后经验明据西法推算的日食密合。而后，汤若望把原来的《崇祯历书》加以修改，将原书的四十四种 137 卷删并成二十种约 70 卷，并且增补约 30 卷，于 1645 年底进呈给清廷，顺治皇帝亲笔提名为《西洋新法历书》，并马上颁行使用。

徐光启的改历建议及对西法的推崇

徐光启作为崇祯改历的推手，在推动用西法改历上起了至关重要的作用。

徐光启，字子先，号玄扈，上海人。万历三十二年（1604 年）考中进士，步入仕途，官至礼部尚书兼内阁学士[1]。徐光启在万历二十八年（1600 年）与利玛窦在南京相识，并且随利玛窦学习西方的天文历算知识。万历三十五年（1607 年），徐光启与利玛窦合作翻译了《几何原本》前六卷，之后又与熊三拔合作翻译了《简平仪说》（1611 年）、《测量法义》（1612 年）以及《勾股义》（1612 年）。可以看出，徐光启应该对几何学和测量方法都很熟稔。由于徐光启切实掌握了西方的天文知

[1] 徐光启生平事迹的具体研究见：王重民. 徐光启 [M]. 上海：上海人民出版社，1981.

识，他进行的预报较其他学者更为准确，从而赢得了巨大的威信[1]。有人上书请求让徐光启参与或负责改历工作。

崇祯二年（1629年）五月日食，依《大统历》《回回历法》的推算发生错误，徐光启依西法的推算结果与实际情况最为相符。礼部再次奏请修历，崇祯皇帝于是任用当时礼部侍郎徐光启负责督修历法。徐光启坚持改历一定要"参用西法而用之，以彼条款，就我名义""以彼方之材质，入大统之型模"。这不是照搬西方的天文学，而是希望将西法纳入传统历法的形制之下，希望编制一部中西兼并的历法。徐光启特别强调要学习吸收"西法"，因为其"皆古今所未闻，为西国之历有之，而舍此数法，则交食凌犯，终无密合之理"[2]。改历的最终目的，是达成"著为明白简易之说，使一目了然。百世之后，人人可以从事。遇有少差，因刻随时随事，依法修改"。具体的做法可概括为"深论理，明著数，精择人，审造器，随时测验，追合于天而已"[3]，整个改历过程也彻底贯彻了这一主张。

关于"深论理"，徐光启认为一定要从历法本原出发，要先把历法推算的原理阐释明晰，然后才言改历。徐光启强调算法的"所以然"正是西法优势所在，崇祯改历之前与传教士的交往，令徐光启了解了西方推算交食的方法，增加了其使用西法的信心：

第今改历一事，因差故改，必须究其所以差之故而改正之。前史改历之人皆不其然，不过截前至后，通计所差度分，立一加减乘除，均派

[1] 薄树人. 徐光启的天文工作[M]// 薄树人文集. 合肥：中国科学技术大学出版社，2003：561−578.

[2] 徐光启. 礼部为奉旨修改历法开列事宜裁疏[M]// 王重民，辑校. 徐光启集. 北京：中华书局，1963: 327.

[3] 汤若望，李天经. 西洋新法历书・恒星历指[M]// 薄树人. 中国科学技术典籍通汇・天文卷（八）. 河南：河南教育出版社，1997：1371.

各岁之下，谓之改矣，实未究其所以然也。臣等昔年曾遇西洋利玛窦，与之讲论天地原始，七政运行，并及其形体之大小远近，与夫度数之顺逆迟疾，一一从其所以然处，指示其确然不易之理，较我中国往籍，多所未闻。臣等自后每闻交食，即以其法验之，与该监所推算不无异同，而大率与天相合。[1]

所以在具体的改历操作中，“每遇一差，必寻其所以差之故；每用一法，必论其所以不差之故。上推远古，下验将来，必期一一无爽”[2]。

关于“明著数”，徐光启主张大量翻译西方书籍。“欲求超胜，必须会通。会通之前，必先翻译”，徐光启认为西方天文推算的书籍已经相当完备，改历要做的第一件事就是把西方天文学体系引入。然后再让深明历法之人“参详考定”。

关于“精择人”，徐光启推荐传教士参与到改历中来。崇祯改历一开始，传教士龙华民和邓玉函就受到重用，邓玉函于崇祯三年（1630 年）去世后，汤若望、罗雅谷负责翻译以及编制算表的工作。同时，徐光启强烈要求调用通晓西方天文学的李之藻进京，建议不拘出身选取知历之人参与修历，并对他们负责的测验推步、制造仪器和书写验算工作做了详细的分工计划和人事预算。

关于“审造器”，要求建造改历急需的新式测量仪器，包括七政列宿大仪九座、平混悬仪三架、交食仪一具、天球仪一架、地球仪一架、平面日晷三具、星晷三具、自鸣钟三架以及望远镜三副[3]。最后，在做

[1] 徐光启．修改历法请访用汤若望、罗雅谷疏 [M]// 王重民，辑校．徐光启集．北京：中华书局，1963：344.

[2] 徐光启．条议历法修正岁差疏 [M].// 王重民，辑校．徐光启集．北京：中华书局，1963：333.

[3] 关于这些仪器的具体研究见：张柏春．明清测天仪器之欧化十七、十八世纪传入中国的欧洲天文仪器技术及其历史地位 [M]. 沈阳：辽宁教育出版社，2000.

到前五项之后，还需要随地测验。

徐光启非常重视交食的检验，如其所说“考验历法，全在交食”“历之终事，必验交食”“必欲辨其疏密，则在临食之时，实测实验而已”[1]。徐光启考察了前代交食推算与天密合的标准，认为前代历法最优秀者不外乎《授时历》，但是即使郭守敬复生，传统历法在推算交食食分和加时的精度上也比不过新法，特别是在交食时刻的推算上，徐光启指出，汉以前交食时刻误差是以“日”计，唐代以前交食误差以“时”计，宋元以来以“刻”计，而使用新法则是以“分”计。中国传统的历法，特别是《大衍历》以前的历法[2]，一般都只能预报一地（通常是首都）的交食。即使推算一地的见食情况很准确，如果观测的地点不同，那预报结果还是必然会出现误差。徐光启也认识到这一点：

交食之法，既无误差，及至临期实候其加时，又或少有先后，此则不因天度而因地度。地度者，地之经度也。[3]

徐光启指出旧法不能准确推算出各个地方的见食情况，就是“其法未密”的表现，而“西法”能够利用经纬度的概念更准确地预报交食。在崇祯改历中，多次通过比较交食推算来判断新法与旧法的疏密，为了体现“西法”更加精确，徐光启坚持预报京师和各省府的见食情况。

《治历缘起》中记录了崇祯改历期间利用西法所做的交食预报。徐光启用西法预报的交食如下。

1. 崇祯二年五月初一，用新法预报京师日食食分和各时刻，以及杭州府、广州府、琼州府的日食食分，奏折中还列有大统历、回回历预报

[1] 以上引文皆出自徐光启奏疏。

[2] 从《大衍历》开始，历法中考虑到了部分地点北极高度不同对日食食分的影响，但是推算的方法是根据不同地点晷影长度的比例来计算。

[3] 徐光启．日食分数非多略陈义据以待候验疏 [M]// 王重民，辑校．徐光启集．北京：中华书局，1963：388.

顺天府的食分。

2. 崇祯三年十月十六月食，奏折中列有以大统历、回回历以及西洋法预报京师一地各月食时刻。

3. 崇祯四年四月十五月食，京师起复方位和各时刻以及十四个省府初亏时刻。

4. 崇祯四年十月初一日食，京师顺天府、河南、陕西以及山东的食分，南京应天府以南不见食，向北食分逐渐增大。

5. 崇祯四年十月十五月食，京师起复方位和各时刻以及十四个省府的初亏时刻。

6. 崇祯五年三月十六月食，京师起复方位各时刻以及十四个省府的初亏时刻。

7. 崇祯五年九月十四月食，京师起复方位和各时刻以及十四个省府的初亏时刻。

8. 崇祯七年二月十五月食，京师起复方位和各时刻以及十四个省府的初亏时刻。

崇祯六年（1633 年）徐光启去世,《崇祯历书》于第二年编纂完成，最后的编纂工作是由李天经接手完成的。李天经完全沿袭了徐光启的改历思路，在交食预报上也是每次都预报多地日食。李天经上奏的交食预报情况具体如下。

1. 崇祯七年八月十六月食，京师复方位和各时刻以及十四个省府食甚时刻（雨）。

2. 崇祯九年正月十五月食，京师起复方位和各时刻及十四个省府的初亏时刻。

3. 崇祯九年七月十六月食，京师起复方位和各时刻以及十四个省府食甚时刻。

4. 崇祯十年正月初一日食，京师、十四个省府以及朝鲜都城的食分以及初亏、食甚及复原时刻。

5. 崇祯十二年十一月十六月食，京师起复方位和各时刻以及十四个省府食甚时刻。

6. 崇祯十四年三月十六月食，京师起复方位和各时刻以及十四个省府食甚时刻。

7. 崇祯十四年九月十四月食，京师起复方位和各时刻以及十四个省府食甚时刻。

8. 崇祯十四年十月初一日日食，京师日食食分、起复方位和各时刻，以及十四个省府食分和食甚时刻。

9. 崇祯十六年八月十五日月食，京师起复方位和各时刻以及十四个省府食甚时刻。

除了崇祯七年二月的月食预报没有实际测验，每一次预报之后都再会同官员进行实际观测，将结果进行比较。崇祯七年二月的月食是徐光启去世前的最后一次预报，唯有这次预报没有实际检验的记录。这很可能是因为徐光启崇祯六年去世后，李天经接手历局，历局正处于混乱的交接时期的缘故。结果证明西法在预报交食上有着旧法难以比拟的精确性。

徐光启利用西法准确预报多地交食，使西法得以施行。身处改历漩涡中心的传教士们也看到了这一点，这一利用经纬度预报多地交食的传统被传教士们继续保留下来。汤若望在清兵入关之后，为了向清廷证明“西法”的优越性，也用预报多地月食时刻的办法做了两次月食预报，而且为了取悦清廷，汤若望还多预报了盛京和朝鲜的月食时刻，最终为“西法”争得了官方地位。康熙年间供职于钦天监的南怀仁（F. Verbiest，1623—1688）曾这样写道：“（我）还有另外一个并不轻松而又带有危险性的任务，这就是计算所有的日、月食现象。因为这一庞大的帝国划分为 17 个行省，每一次的日月交食现象都必须计算出有关各个行省的省会城市的经度和纬度，因此对于一次日食的计算，就包括 17 个行省的数据，汇总起来就是厚厚的一大本。”[1]

徐光启对经纬度测量的看法

（一）里差、北极高度与经纬度

徐光启是最早接受地圆学说以及经纬度概念的中国学者之一，在利玛窦与李之藻合著的《乾坤体义》中，有一篇《附徐太史地圆三论》，就是徐光启论述地圆说的一篇论文。徐光启将中国传统的里差概念与西方传入的经度概念联系到一起，正是他深刻理解地圆学说并且加以融会的结果。在崇祯改历中，他利用经纬度的概念能从技术侧面更好地解释交食的原理和更加准确地推算各地交食时刻。改历伊始，在给皇帝的奏疏里提出修历“目前切要”的十个事项中，徐光启把经纬度测量认为是编制历法的重要准备。徐光启在引入经纬度概念的同时，并没有抛弃掉传统历法中的概念，而是把传统历法中的概念与经纬度联系起来，以期使西法更容易被理解和接受。

徐光启认识到北极高度和纬度是等同的。中国古代历法中的北极高

[1] 南怀仁．南怀仁的《欧洲天文学》[M]．郑州：大象出版社，2016：85.

度是指地平切线与北极（地轴方向）的夹角，某地的北极出地高度与地理纬度在数值上是相等的。关于纬度徐光启的论述是："依唐元法，随地测验出入地度数，地轮经纬，以定昼夜晨昏永短，以正交食有无多寡先后之数。"在这里徐光启把纬度同北极高度等同起来，其测量方法是依唐元旧法，暗示纬度中国自古有之，而且要根据纬度来确定各地的昼夜时刻和修正各地的日食的食分。各地的北极高度（纬度）不同，是一个很容易直接观测到的现象，而且从唐代《大衍历》开始，传统历法中已经引入了"服差"的概念——北极高度对日食影响的相应算法，所以地理纬度对历法推算的影响对于历法家们来说是比较容易接受的，徐光启对于纬度也没有过多解说。

关于地理经度，由于地理经度的测量与时间相关，并不容易被人们察觉到，经度的差异需要两地东西距离足够远才有可能被察觉。

在崇祯改历中，徐光启把传统的里差概念与经度的概念联系到一起：

只因东西相去数万里，交食时刻早晚相去曰二十七刻，历家谓之里差。此数非从月食测验数次，不能遽定。[1]

可以看到，徐光启认为里差就是因东西距离导致两地存在时间差。他又说：

里差一术，东西时刻随在各异，必以地之经度为本，非从月食时刻测验数次不能遽定其数。[2]

他在这里进一步指出，里差的各地存在地方时，要根据地理经度来确定，一定要根据月食来确定地理经度。

[1] 徐光启．推算月食起复方位并具图像疏[M]// 王重民，辑校．徐光启集．北京：中华书局，1963：349.

[2] 徐光启．月食推算里差疏[M]// 王重民，辑校．徐光启集．北京：中华书局，1963：380.

在徐光启的另一份奏疏中，他的想法表达得更明显：

……今所差者大概推步之数在前，实测之数在后，后来推算当依此以定里差，然亦须每次细推详测，随差随改，既定之后，用以为定式矣。至各省直必须奏报者，亦欲得其里差故也。

本方之地经度未得真率，则加时难定，其法必取从交食时测验数次，乃可较勘画一。今此食依新术测候，其加时刻分，或前后未合，当取从前所记地经度度分，斟酌改定，此可以求里差之真率。[1]

他不但肯定了里差和经度是一回事，而且还指出为了确定经度的具体实施方法——各地要奏报月食时刻，“细推详测，随差随改”，而且多次强调测量里差需要各地方衙门配合：

如必欲得真数，又须以本地交食之数验之。至期得本地方官令本生同阴阳人等测定初亏真正时刻，分秒备细，具申转咨前来，使本部得藉手以告成事，是初甚原也。为此合咨贵部，烦为查照转咨施行。[2]

根据上述引文可知，各地方确定月食时刻并不是由钦天监专门派人去观测，而是各地地方官会同阴阳生等代为测量，然后奏报。但是徐光启同时对地方观测心存疑虑，他提到：

既而咨报多相合者，然非甄明之辈，躬至其地，测极高下，见食早晚终未敢以耳闻臆断，勒为成书也。左方所记，政所谓略率开载者。欲求决定，当俟异日。故称约加约减焉。[3]

徐光启对各地上奏的测量结果持有非常严谨的态度，虽然奏报多为

[1] 徐光启．日食分数非多略陈义据以待候验疏 [M]// 王重民，辑校．徐光启集．北京：中华书局，1963：388.

[2] 汤若望．学历小辩 [M]// 薄树人．中国科学技术典籍通汇・天文卷（八）．郑州：河南教育出版社，1997: 978.

[3] 汤若望，李天经．西洋新法历书・交食历指 [M]// 薄树人．中国科学技术典籍通汇・天文卷（八）．河南：河南教育出版社，1997：1263.

相合，但是他仍认为这些地方的观测人员并非“甄明之辈”，即所谓通晓观测的专门历算人员，并不以结果相合就完全相信，这也是其上奏的交食预报奏疏中提及各地的交食时刻都会强调“略率”，也一直强调要以后详加观测的原因。

对于经纬度测量的难度以及经度纬度对推算交食的影响徐光启在奏疏中也有所讨论：

上天下地各有经度纬度……测地则经度难，纬度易。日食随地不同，则用地纬度算其食分多少，用地经度算其加时早晚；月食分数寰宇皆同，只用地经度推求时刻而已[1]。

把北极高度、里差和地理经纬度联系起来，是徐光启“会通归一”以及“镕彼方之材质，入大统之型模”的主张的融合实践。在当时朝廷就改历问题久拖不决、历争愈演愈烈的背景下，把西方天文学的某些概念同中国古代已有的天文概念建立联系，以求打破对峙的学术壁垒，进而使康熙皇帝以及保守派接受西法，这是当时很多接受西法的中国学者的做法。[2]

（二）徐光启的五次月食预报

《崇祯历书》中收录了改历期间徐光启和其继任者李天经的日食、月食预报（图 2.1），其中李天经的奏报多是预报多地的月食食甚时刻，还有各地的日食食甚时刻，而且其预报的月食时刻相比徐光启奏报的粗疏许多。他奏报的各地月食时刻仅精确到某时某刻稍强或稍弱，最多精确到分。而徐光启的月食预报则都精确到秒。不同地点所见月食初亏时

[1] 徐光启．月食起复方位具呈览疏 [M]// 王重民，辑校．徐光启集．北京：中华书局，1963：365.

[2] 他们中很多人认为中国古代特别是上古时代科学发达，但是后来失传，西法的传入则重新填补了缺失。他们的这种思想，后来演变为在清代极为盛行的“西学中源”说，反而成为中西科技交流的障碍。

刻的差只与该地经度有关，根据月食奏报各省与京师的时间差可以反推出各地相对于京师的经度差。

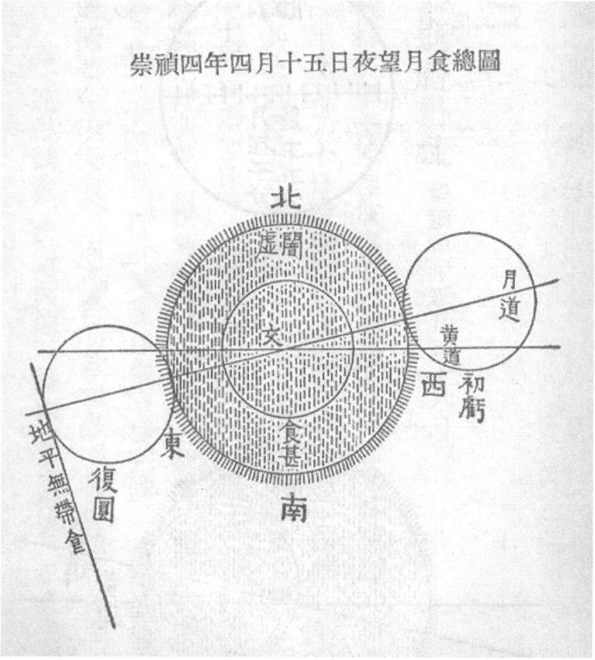

图 2.1 《崇祯历书》中崇祯四年四月十五日月食图

徐光启从崇祯四年（1631 年）到崇祯七年（1634 年）上奏给崇祯皇帝的五次月食记录，不仅预报了京师的月食初亏时刻，还预报了各省府的月食初亏时刻。笔者根据这五次记录，反推出各省府相对于京师的东西偏度（以偏东为正），即经度差值，并对其精度重新进行了分析，列于表 2.1 至表 2.5。推算中值得注意的是，崇祯改历期间所使用的时值问题，关于具体使用何种时值目前还有不同意见。据褚龙飞等人的研究[1]，崇祯七年以前使用的是百刻制，之后改用九十六刻制，在百刻制中小刻在前，大刻在后。徐光启的五次月食预报，使用的都是百刻制。

[1] 褚龙飞，石云里．再论崇祯改历期间西法交食预报的时制与精度 [J]. 中国科技史杂志，2014（2）：121–137.

百刻制到九十六刻制的转变可能与当时历局人事变更有关，改历的关键人物徐光启在崇祯七年去世，接替徐光启执掌历局的人换成了李天经。

表 2.1　崇祯四年四月十五日月食预报所反映的经度（东为正）

地点	初亏时刻	距京师经度数（度）	现代与北京经度差(度)	误差（度）
京师顺天府	丑初 1 刻内第 25 分 30 秒			
南京应天府	丑初 1 刻内第 51 分 40 秒	0.9396	2.22	1.2804
福建福州府	丑初 1 刻内第 51 分 40 秒	0.9396	2.94	2.0004
山东济南府	丑初初刻内第 7 分 73 秒	−1.23264	0.76	1.99264
山西太原府	子正 3 刻内第 65 分 30 秒	−6.36012	−3.91	2.45012
湖广武昌府	子正 4 刻内第 25 分 30 秒	−4.20012	−2.07	2.13012
河南开封府	子正 4 刻内第 25 分 30 秒	−4.20012	−2.03	2.17012
陕西西安府	子正 2 刻内第 95 分 30 秒	−8.88012	−7.67	1.21012
广西桂林府	子正 2 刻内第 95 分 30 秒	−8.88012	−6.07	2.81012
浙江杭州府	丑初初刻内第 12 分 13 秒	−1.07424	3.86	4.93424
江西南昌府	子正 4 刻内第 55 分 83 秒	−3.10104	−0.69	2.41104
广东广州府	子正 3 刻内第 91 分 40 秒	−5.42052	−3.1	2.32052
四川成都府	子正 1 刻内第 75 分 80 秒	−13.18212	−12.2	0.98212
贵州贵阳府	子正 2 刻内第 71 分 40 秒	−9.74052	−9.82	−0.07948
云南云南府	子初 4 刻内第 71 分 41 秒	−17.54136	−13.82	3.72136
			平均绝对误差	2.18

表 2.2　崇祯四年十月十五日月食预报所反映的经度（东为正）

地点	初亏时刻	距京师经度数（度）	现代与北京经度差(度)	误差（度）
京师顺天府	寅正 4 刻内 75 分			
南京应天府	卯初初刻内 6 分 94 秒	1.25784	2.22	0.96216
福建福州府	卯初初刻内 6 分 94 秒	1.25784	2.94	1.68216
山东济南府	卯初初刻内 13 分 88 秒	1.39968	0.76	−0.63968

续表

地点	初亏时刻	距京师经度数（度）	现代与北京经度差(度)	误差（度）
山西太原府	寅正 3 刻内 12 分 50 秒	−5.85	−3.91	1.94
湖广武昌府	寅正 3 刻内 75 分	−3.6	−2.07	1.53
河南开封府	寅正 3 刻内 75 分	−3.6	−2.03	1.57
陕西西安府	寅正 2 刻内 41 分 66 秒	−8.40024	−7.67	0.73024
广西桂林府	寅正 2 刻内 41 分 66 秒	−8.40024	−6.07	2.33024
浙江杭州府	卯初 1 刻内 41 秒	1.51488	3.86	2.34512
江西南昌府	寅正 4 刻内 97 分 21 秒	0.79956	−0.69	−1.48956
广东广州府	寅正 3 刻内 40 分 27 秒	−4.85028	−3.1	1.75028
四川成都府	寅正 1 刻内 50 分	−11.7	−12.2	−0.5
贵州贵阳府	寅正 2 刻内 15 分 25 秒	−9.351	−9.82	−0.469
云南云南府	寅初 4 刻内 86 分 10 秒	−14.60052	−13.82	0.78052
			平均绝对误差	1.34

表 2.3　崇祯五年三月十六日月食预报所反映的经度（东为正）

地点	初亏时刻	距京师经度数（度）	现代与北京经度差(度)	误差（度）
京师顺天府	酉正 4 刻内 51 分 50 秒			
南京应天府	酉正 4 刻内 79 分 25 秒	0.99	2.22	1.23
福建福州府	酉正 4 刻内 79 分 25 秒	0.99	2.94	1.95
山东济南府	酉正 4 刻内 86 分 22 秒	1.24992	0.76	−0.48992
山西太原府	酉正 2 刻内 84 分 84 秒	−5.99976	−3.91	2.08976
湖广武昌府	酉正 3 刻内 46 分 84 秒	−3.76776	−2.07	1.69776
河南开封府	酉正 3 刻内 46 分 84 秒	−3.76776	−2.03	1.73776
陕西西安府	酉正 2 刻内 15 分 39 秒	−8.49996	−7.67	0.82996
广西桂林府	酉正 2 刻内 15 分 39 秒	−8.49996	−6.07	2.42996
浙江杭州府	酉正 4 刻内 93 分 16 秒	1.49976	3.86	2.36024

续表

地点	初亏时刻	距京师经度数（度）	现代与北京经度差(度)	误差（度）
江西南昌府	酉正 3 刻内 82 分 46 秒	−2.48544	−0.69	1.79544
广东广州府	酉正 3 刻内 12 分 69 秒	−4.99716	−3.1	1.89716
四川成都府	酉正初刻内 7 分 5 秒	−13.00032	−12.2	0.80032
贵州贵阳府	酉正 1 刻内 87 分 69 秒	−9.49716	−9.82	−0.32284
云南云南府	酉初 3 刻内 95 分 95 秒	−16.99992	−13.82	3.17992
			平均绝对误差	1.63

表 2.4　崇祯五年九月十四日月食预报所反映的经度（东为正）

地点	初亏时刻	距京师经度数（度）	现代与北京经度差(度)	误差（度）
京师顺天府	卯初 3 刻内 88 分 74 秒			
南京应天府	卯初 4 刻内 16 分 49 秒	0.999	2.22	1.221
福建福州府	卯初 4 刻内 16 分 49 秒	0.999	2.94	1.941
山东济南府	卯初 4 刻内 23 分 46 秒	1.24992	0.76	−0.48992
山西太原府	卯初 2 刻内 23 分 8 秒	−5.96376	−3.91	2.05376
湖广武昌府	卯初 2 刻内 84 分 8 秒	−3.76776	−2.07	1.69776
河南开封府	卯初 2 刻内 84 分 8 秒	−3.76776	−2.03	1.73776
陕西西安府	卯初 1 刻内 52 分 63 秒	−8.49996	−7.67	0.82996
广西桂林府	卯初 1 刻内 52 分 63 秒	−8.49996	−6.07	2.42996
浙江杭州府	卯初 4 刻内 30 分 40 秒	1.49976	3.86	2.36024
江西南昌府	卯初 3 刻内 19 分 70 秒	−2.48544	−0.69	1.79544
广东广州府	卯初 2 刻内 49 分 93 秒	−4.99716	−3.1	1.89716
四川成都府	寅正 4 刻内 19 分 97 秒	−13.87584	−12.2	1.67584
贵州贵阳府	卯初 1 刻内 24 分 93 秒	−9.49716	−9.82	−0.32284
云南云南府	寅正 3 刻内 38 分 89 秒	−16.79472	−13.82	2.97472
			平均绝对误差	1.67

表 2.5　崇祯七年二月十五日月食预报所反映的经度（东为正）

地点	初亏时刻	距京师经度数（度）	现代与北京经度差(度)	误差（度）
京师顺天府	丑正 3 刻内 57 分 52 秒			
南京应天府	丑正 3 刻内 84 分 30 秒	0.96408	2.22	1.25592
福建福州府	丑正 3 刻内 84 分 30 秒	0.96408	2.94	1.97592
山东济南府	丑正 3 刻内 22 分 80 秒	–1.24992	0.76	2.00992
山西太原府	丑正 1 刻内 90 分 85 秒	–6.00012	–3.91	2.09012
湖广武昌府	丑正 2 刻内 53 分 35 秒	–3.75012	–2.07	1.68012
河南开封府	丑正 2 刻内 53 分 35 秒	–3.75012	–2.03	1.72012
陕西西安府	丑正 1 刻内 21 分 41 秒	–8.49996	–7.67	0.82996
广西桂林府	丑正 1 刻内 21 分 41 秒	–8.49996	–6.07	2.42996
浙江杭州府	丑正 4 刻内 26 分 96 秒	2.49984	3.86	1.36016
江西南昌府	丑正 2 刻内 88 分 8 秒	–2.49984	–0.69	1.80984
广东广州府	丑正 2 刻内 18 分 63 秒	–5.00004	–3.1	1.90004
四川成都府	丑初 2 刻内 96 分 41 秒	–16.12008	–12.2	3.92008
贵州贵阳府	丑初 3 刻内 93 分 63 秒	–13.70016	–9.82	3.88016
云南云南府	丑初 1 刻内 85 分 29 秒	–21.2004	–13.82	7.3804
			平均绝对误差	2.45

根据表 2.1 至表 2.5，经度平均绝对误差最大的是崇祯七年二月十五日（1634 年 3 月 14 日）的月食记录，约为 2.45°，最小的一次是崇祯四年十月十五日（1631 年 5 月 4 日）的月食记录，约为 1.34°。从以上五表中，可以发现数据存在错误之处，如表 2.1 中的济南府和杭州府、表 2.2 中的南昌府以及表 2.5 中的济南府，显然是推算之人把该地相对于京师的方向搞反了；表 2.5 中的云南府，误差甚至多达 7°，远远高于其他四次。之所以产生这种错误，是因为在崇祯改历中并没有实地测量过地理经度。

崇祯改历伊始，关于经纬度对交食的影响徐光启有明确的认识，对经纬度测量也有明确的规划，但是测量是需要时间的，特别是经度的测定，需要特定天象——月食，而且月食在一年之中最多发生三次，也可能一年都不会发生。面对传统派对新法的反对与阻挠，他急需有力的证据来使得崇祯皇帝看到“西法”确实优于旧法。所以徐光启想到先从地图上测量出各地距离京师的东西距离，然后换算成经度差的间接测量方法，他在给皇帝的奏疏中提到：

臣等专职修正，不一推算，恐他日东西南北见食不同，难辞疏远之诮，但功绪未就，无暇及此，未能实知各省直经纬度几何，特从舆地图约略推。[1]

又依各省直道里约略推得先后时刻……如前所推蜀省时刻乃依广舆图计里画方之法，揣摩推算，未委果否相合？如必欲得真数，又需以本地交食之数验之。[2]

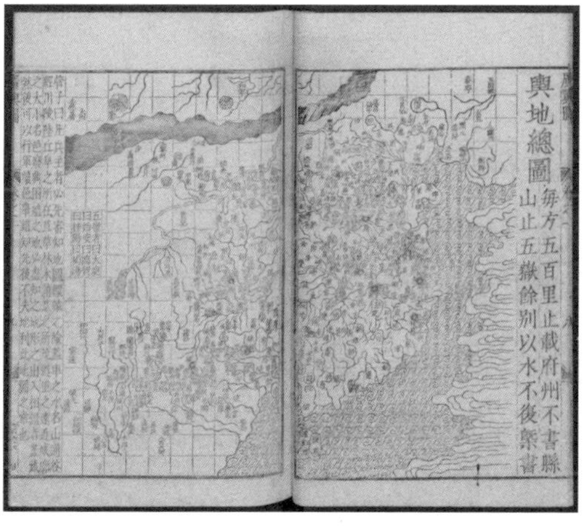

图 2.2　罗洪先编制的《广舆图》中的“舆地总图”

[1] 徐光启．咨礼部转咨督察院文 [M]// 王重民，辑校．徐光启集．北京：中华书局，1963：361.

[2] 徐光启．月食起复方位具呈览疏 [M]// 王重民，辑校．徐光启集．北京：中华书局，1963：365.

因为徐光启测定的各地经度不是直接测量月食所得，而是从广舆图上测得，所以他需要用月食来检验修正，这也是为何他一直强调要“随差随改”的原因。图 2.2[1] 为明代罗洪先编制的《广舆图》中的“舆地总图”，系根据朱思本的《舆地图》改编。

《交食历指》中的经度数据

《交食历指》中“证子午线差变易见时”记载了十条论证各地存在经度差的记录，主要是通过不同地点的月食食甚或初亏时刻，来推算各地的经度差，这十次月食的观测时间跨度从万历元年（1573 年）至崇祯四年（1631 年）。这十条记录中有七条是推算中国与世界上其他地方经度差的，其中三条是依据《大统历》推算的顺天府与西方第谷观测的同一次月食时刻来计算两地的时差，比如：

万历元年癸酉十一月望，依大统历推月食初亏丑正一刻食甚寅初三刻。本夜第谷在西国测得食甚在戌正〇三分。于时太阳近冬至，所测时即定望时，无加减，大统所推稍疏。大略东西差时三十余刻，为顺天所见后于西国也。

万历二十年壬辰十一月望。大统历记食甚寅初二刻，第谷测在戌初

[1] http://pds.lib.harvard.edu/pds/view/23517991 ? n=18&oldpds.

二刻〇七分。加时差二分，总得差七小时二刻〇二分。[1]

另有四次是比较中国顺天府与世界上其他地点的时差，比如：

万历四十年壬子四月十五日夜望，历官报月食初亏寅正一刻，既实测得寅正四刻。当时西国把汤辣有测戌正三刻〇八分者，更西多勒都测得戌正〇。三方同测，不必加减时，得顺天府较极西差九小时正，较中西差八小时〇七分。[2]

还有三次是比较国内不同地点的经度差，比如推得了杭州府、上海县与顺天府的时差：

天启二年癸亥九月十五日夜望，初亏月未出。顺天府测得复圆戌正二刻十一分。杭州府测戌正三刻〇七分。上海县测亥初一刻。三方较得杭州视顺天偏东差十二分。上海视杭州更东，差一刻〇八分。上海视顺天偏东总差二刻〇五分。[3]

此外还有陕西西安府和四川成都府与京师的经度差。

在《崇祯历书·交食历指》部分还有一份京师及十四个省府相对于京师的东西偏度（地理经度）表，这份数据也被收录到《明史·天文志》中，对于《交食历指》经度数据的分析见表 2.6，其绝对平均误差为 1.54°。

表 2.6 《交食历指》各省与京师时差所反映的经度（东为正）

地点	与京师的时刻差	距京师经度数（度）	现代与北京经度差（度）	误差（度）
京师顺天府				
南京应天府	加 4 分	1	2.22	1.22
福建福州府	加 4 分	1	2.94	1.94
山东济南府	加 5 分	1.25	0.76	–0.49
山西太原府	减 1 刻 9 分	–6	–3.91	2.09

[1] 汤若望，李天经．西洋新法历书·交食历指 [M]// 薄树人．中国科学技术典籍通汇·天文卷（八）[C]. 河南：河南教育出版社，1997：1264.

[2] 同上。

[3] 同上。

续表

地点	与京师的时刻差	距京师经度数(度)	现代与北京经度差(度)	误差(度)
湖广武昌府	减1刻	-3.75	-2.07	1.68
河南开封府	减1刻	-3.75	-2.03	1.72
陕西西安府	减2刻4分	-8.5	-7.67	0.83
广西桂林府	减2刻5分	-8.5	-6.07	2.43
浙江杭州府	加12分	3	3.86	0.86
江西南昌府	减11分	-2.75	-0.69	2.06
广东广州府	减1刻5分	-5	-3.1	1.9
四川成都府	减3刻7分	-13	-12.2	0.8
贵州贵阳府	减2刻8分	-9.5	-9.82	-0.32
云南云南府	减4刻8分	-17	-13.82	3.18
			平均绝对误差	1.54

从徐光启奏疏中得到的经度数据与《交食历指》数据的关系是怎样的呢？徐光启五次月食预报反映的经度的绝对平均误差分别为2.18°、1.34°、1.63°、1.67°、2.45°。最小为1.34°，最大为2.45°，而《交食历指》中汤若望等人给出的各地经度的平均绝对误差为1.54°，而且在徐光启的五次预报中，明显地，中间三次预报要更准确，也更接近传教士给出的经度，另外两次均有个别省府误差极度偏大的情况。

在崇祯四年（1631年）十月二日上奏的《日食用仪器测验疏》中，徐光启说道：

臣于本月初八日疏中开列四项[1]，其第二言本方之里差经度未得真率，则加时难定，故欲因此一食，斟酌改正。今食甚之度分密合，则经度里差似已的确，无烦更改。盖交食经度，以食甚为主故也。独食分加时未及原推者，盖因太阳光大，昔人言日食须至一分以上，乃得见

[1] 为崇祯四年九月初八进呈的《日食分数非多略陈义据以待候验疏》。

之……[1]

文中提到利用崇祯四年十月一日的日食测验，“经度里差似已的确，无烦更改”，即各地的“东西偏度”已基本确定下来，“无烦更改”应是针对《交食历指》中的加时表被确定下来而言，由此在崇祯改历中应该进行过地理经度的测量[2]。但是从前文对徐光启五次月食奏报的分析来看，崇祯四年十月以后的三次月食预报反推算的经度并不是“无烦更改”的状态。从时间上来看，崇祯四年十月和崇祯五年三月的月食预报误差比较接近，也比其他三次预报更加精确，这两次预报的误差平均约为 1.49° ，与《交食历指》中的经度数据的误差 1.54° 非常接近。这两次预报正是在汤若望编纂《交食历指》的时期[3]，所以可能的情况是徐光启第一次月食预报时，各地的“东西偏度”是据广舆图测量换算得到的，第二次、第三次月食预报期间，汤若望正在此基础上进行调整，然后得到《交食历指》中的各地加时表。但于崇祯五年九月和崇祯七年二月的月食预报却没有利用已经确定的加时表，而且有部分省府的值出现比较大的错误，这两次预报可能并不是传教士或徐光启推算的，而是其他的历算人员所做，又不够认真。此时传教士忙于其他编纂工作，特别是最后一次预报是做于徐光启去世前夕，这次预报甚至没有检验。这也是整个崇祯改历期间唯一一次没有实际检验的交食预报。

[1] 徐光启．日食用仪器测验疏 [M]// 王重民，辑校．徐光启集．北京：中华书局，1963：392.

[2] 这个测量并不是实地的测量，而只是从地图上测量。而崇祯改历期间并没有实际进行过纬度的测量。纬度的数据是传教士从前所测，关于纬度测量的分析，见第三章。

[3] 徐光启于崇祯五年四月第三次进呈编制好的数目：罗雅谷编译的《月离历指》四卷和《月离历表》六卷；汤若望编译的《交食历指》四卷和《交食历表》二卷，还有在罗雅谷和汤若望指导下由监局官生推算的《南北高弧表》十二卷、《诸方半昼分表》一卷和《诸方晨昏表》一卷。

崇祯“历争”中经纬度与“西法”优越性的确立

（一）利用经纬度为“西法”进行的辩护

预报并解释多地交食，是以徐光启为首的新法派驳斥传统派责难的有力回击，也是传统派始终无法正面解决的问题。在崇祯改历一开始，“西法”派就陷入了与传统派的纷争之中。而且随着改历的深入，传统派反对的声音越来越多，不仅是钦天监中的传统派官员继续反对“西法”，民间反对的声音也不断冒出，所以徐光启领导的历局必须出来捍卫“西法”。其中比较经典的就是与满城布衣魏文魁的论战。

魏文魁于崇祯四年（1631 年）向礼部提交自己的《历元》《历测》两部著作，他对于传统历法的造诣比较高，据徐光启说：“满城县耆儒魏文魁，知其名二十余年矣，颇闻邢观察《律历考》多出其手”[1]，可见魏文魁在当时还是具有一定声望的。魏文魁在《历测》中提到，他用郭守敬《授时历》推算宋文帝元嘉六年十一月的日食，推算出日食食分为六分九十六秒，而据史料记载当时日食为“不尽如钩，昼星见”，进而指出郭守敬的《授时历》存在错误。徐光启针对魏文魁的《历元》和《历测》提出了“二议七论”来反驳，“二议”是指新法与旧法在确定交食

[1] 汤若望．学历小辩 [M]// 薄树人．中国科学技术典籍通汇・天文卷（八）．河南：河南教育出版社，1997：965.

与冬至时刻方面存有争议，有待实测裁定。“七论”则涉及中西方历法在基本理论方面存在的差异[1]。其中“极论七”就是对魏文魁上述推算结果的反驳，其具体内容是：

若郭历果推得不尽如钩昼星见，则真舛耳。今云六分九十六秒，乃是密合，非舛也。夫月食天下皆同，日食九服各异，前史类能言之。南宋都于金陵，郭历造于燕中，相去三千里，北极出地差八度，日食分度宜有异同矣。其云不尽如钩，当在九分左右，而极差八度，时在十一月，则时差当得二分弱，郭历推得七分弱，非密合而何？本局今定日食分数，首言交，次言地，次言时，一不可缺。[2]

徐光启指出，魏文魁的方法没有考虑因纬度不同而导致的日食食分差异。刘宋的首都为金陵，而郭守敬构造《授时历》是根据燕中的观测数据而言，考虑到两地的北极高度差八度，两地观测同一次日食，食分应差将近两分，这恰恰说明郭守敬的推算方法是密合的。进而指出新法推算日食的原则是“首言交，次言地，次言时”。这九个字说明新法推算日食食分的三个步骤：首先确定是否会发生日食；然后确定预报何地的日食，即考虑地理纬度的不同；最后还要考虑日食发生的时间，即要考虑地理经度的不同。

对于徐光启的反驳，魏文魁并不服气，他回应：

贵局言南宋都金陵三千里，郭历造于燕，去河北止千里，非三千里，不可辨论。何谓也？贵局报今年四月望月食，朝鲜亏时与山西太原同，则可知矣。夫北极出地，南北异，东西同，求日出日入则可。而南北日出入异，异者北极出地高下之故也。东西虽同者，谓日出卯日入酉也。

[1] 石云里．崇祯改历过程中的中西之争 [J]. 传统文化与现代化，1996：62–69.

[2] 汤若望．学历小辩 [M]// 薄树人．中国科学技术典籍通汇・天文卷（八）. 郑州：河南教育出版社，1997: 967–968.

交食时刻相同则不然。夫交食者，或当交或交之前后移刻，则交过之日躔月离去交远矣。如陕西临洮、兰州河州等处，西去上谷才五千余里，日在酉时带食此处，在天复原。朝鲜王京东去上谷五千余里，上谷距太原又四百余里，北极出地虽同，是言日之出入与交不相干。假如西域巳时即中国未时也，如是日月有食，定巳时邪？定未时邪？欲修历数必也，数理明达方任其事余观。[1]

对于徐光启利用地理纬度来解释日食推算的结果，魏文魁并不能有效反驳，反而避重就轻地纠结于金陵与燕中的实际距离是否是三千里。同时，魏文魁似乎想要说明北极高度、日出入时刻与交食完全不相关，借此延伸到各地月食见食时刻相同。但是他概念模糊，论述混乱，让人完全不知道他在表达什么。魏文魁对于地理经度的概念完全不理解，所以对于各地地方时的不同完全没法接受，这可以看出他根本就不相信不同地点月食见食时刻的不同这一现象。其实，关于北极高度不同对于交食食分的影响，中国传统的历法已经考虑过，只不过其做法是通过晷影长的比例关系来推算，对其原理并不能说明。可见，魏文魁对于传统历法中交食推算的理解也是不够深入的。

对于魏文魁的这个回应，徐光启也表示不能理解。徐光启的应对就是用“南北里差”（地理纬度）和“东西里差”（地理经度）的概念再次对交食进行解释说明。徐光启对魏文魁所质疑的金陵与大都（燕中）相距三千里的原因进行了解释：

《元史》称四海测验二十七所，大都北极出地四十度太强，扬州三十三度，今测的金陵三十二度半，较差八度少……如近法每度二百五十里，则二千余里为其南北径线，加行道路纡曲，岂非三千里

[1] 汤若望．学历小辩 [M]// 薄树人．中国科学技术典籍通汇・天文卷（八）[C]. 郑州：河南教育出版社，1997: 970–971.

乎[1]

徐光启进一步指出，有纬度不同，则日食有食分差，魏文魁所坚持的日食食分南北皆同的想法是错误的，当年（1631 年）曾发生日食，从南方过来的人就会知道了[2]。徐光启还指出地理经度会导致各地昼夜时刻不同：

尽大地人皆以为日出处为东，日入处为西，皆以日出时为卯，日入时为酉也。有定东西，无定卯酉也。南北里差，论北极出地若干里，而高下差一度；东西里差，论七政出入亦若干里，而疾迟差一度，不易之定论。验之交食，最易见矣。今反抹去此差，而欲议交食乎？[3]

徐光启还指出地理纬度的测量要比地理经度的测量容易，只有从月食观测才能确定。

（二）验历与经度测量：崇祯四年四川的月食观测

前文提及，虽然改历之初来不及实测各地的东西偏度，大多数地点的东西偏度都是从广舆图上约略测得的，但是随着改历的进行，历局陆续收到各地反馈的月食时刻信息，并以此来修订各地的东西偏度。崇祯四年四月的月食观测，在《学历小辩》中有较为详细的记载。通过对这部分内容的梳理，我们能一窥崇祯改历过程中的历争细节，这个事件可以说明验历与经度的测定在同时进行。

在崇祯改历中，除了《大统历》《回回历法》以及“西法”三派争

[1] 汤若望．学历小辩 [M]// 薄树人．中国科学技术典籍通汇・天文卷（八）. 郑州：河南教育出版社 , 1997: 974.

[2] 徐光启曾用西法推算过崇祯四年（1631 年）十月的日食，据其预报，南京应天府以南是不见食的，越向北食分越大。

[3] 汤若望．学历小辩 [M]// 薄树人．中国科学技术典籍通汇・天文卷（八）. 郑州：河南教育出版社 , 1997: 974.

论不休，同时还有民间人士的应诏参与修历，冷守中和魏文魁分别于崇祯三年和崇祯四年进呈了自己的历法著作，改历的局面愈发混乱。除了从历理层面进行辩论外，各方皆认同通过实测来检验孰优孰劣。崇祯三年（1630 年）年底，共有三方预报了崇祯四年（1631 年）四月十五日的月食——钦天监、历局以及冷守中。钦天监利用《大统历》对月食的推算结果是：

食限一十四分九十九秒，初亏于正东为丑初三刻，食既为丑正三刻，食甚为寅初二刻，生光为寅正一刻，复光于正西为卯初初刻。[1]

历局根据“西法”推算出的结果是：

食限二十六分六十秒，其在顺天府则初亏在丑初一刻内二十五分三十秒，食既在丑正一刻内第五十一分二十三秒，食甚在寅初一刻内第六分四十三秒，生光在寅初四刻内第五十九分零二秒，复圆在卯初初刻内第二分二十三秒。又依各省直道里，约略推得先后时刻，不暇遍举。今止论四川成都府，则初亏在子正初刻九十一分一十三秒，食既在丑初一刻二十六分六十七秒，食甚在丑正初刻七十零六分六十三秒，生光在寅初初刻二十六分四十零秒，复圆在寅正初刻五十分七十三秒。[2]

冷守中的推算结果是：

寅正二刻初亏，卯初二刻食甚，卯正二刻复原，月食一十三分二十八秒。[3]

冷守中是四川资县的儒学生员，当时朝廷在全国范围内征召精于历算的人士参与修历，冷守中于是经四川巡抚马如蛟应诏向礼部提交了自

[1] 汤若望．学历小辩 [M]// 薄树人．中国科学技术典籍通汇・天文卷（八）. 郑州：河南教育出版社，1997: 977-978.

[2] 同上。

[3] 同上。

己的改历著作。冷守中认为历法源于《周易》，他进呈的历书是附会宋代邵雍的《黄极经世》写成[1]。实际上，在预报此次月食之前，钦天监、历局以及冷守中对崇祯四年的冬至时刻各自进行了推算，差异很大，冷守中的方法所推算的结果比“新法”的早了二十八刻，《大统历》的推算结果比“新法”的早了十六刻，但是对于冬至时刻的测定各方无法达成认同，所以徐光启提出通过观测交食来比较三法的好坏：“独辛未年（崇祯四年）日月交食，此可豫推，尤难掩覆合离疏密，毫发毕呈。此不必以口舌争也。”

西法徐光启特意开列出京师和四川成都府的详细月食各时刻，就是为了在多地同时测验，特别是希望冷守中本人参与测验，以此在传统历法的支持者面前显示新法的精确性。而且，徐光启指出四川成都府从复原时刻检验最为明显，因为根据“新法”推算，京师和各省府的见食时刻是不同的，成都府复原的时间为凌晨五点十分左右，月亮还没有落下地平线，在地平线上约十五度，此时天还没有亮。而冷守中推算的月食复原的时刻为卯正二刻，即上午七点十五分左右，当时天应该大亮了，比较结果显而易见，徐光启再次强调原因就是各地地理经度的不同，导致时刻各异。

崇祯四年四月十五日晚，徐光启率领传教士和历局诸生会同钦天监的官员在京师的观象台（今北京古观象台）登台测验月食，结果是“新法”的推算刻数不差，只是分秒稍有差异。而在成都府，则是全蜀的文武官吏以及阴阳官生等一同测验。根据阴阳官生郑良等人的奏报，测得月食：“初亏子正初刻三更三点正东，食既丑初三刻四更三点，食甚丑正初刻四更四点，生光寅初三刻五更二点，复原寅正二刻五更五点正西。”[2]冷

[1] 石云里．崇祯改历过程中的中西之争[J]. 传统文化与现代化，1996(3): 64-72.

[2] 汤若望．学历小辩[M]// 薄树人．中国科学技术典籍通汇·天文卷（八）. 郑州：河南教育出版社，1997: 979.

守中所预报的初亏时刻与实际情况所差甚多。徐光启同时也承认地方官员所汇报的月食时刻是完全精确的，但是复原时“月将西沉，天色欲曙，日尚未出也”[1]，这是众目共见的。这一次月食检验完全证明冷守中学历不精，故令其“虚心学习”，同时显示出“西法”推算优于旧法。

四川成都府的月食观测结果同时被用来测定成都府相对于京师的经度，在汤若望和罗雅谷编纂的《交食历指》的《证子午差变易见时》篇[2]中，记录了这次测量的结果：

崇祯四年辛未四月十五日戊午夜望，依大统历（顺天府）月初亏丑初三刻。依新历（顺天府）初亏丑初〇六分三十八秒。实测在丑初〇五分。实测在丑初〇五分。新历初报各省较顺天差数。在四川成都府初亏子正一十四分三十八秒。彼中实测正合。是成都府视京师偏西，差三刻〇六分，得一十二度四十五分。[3]

上述引文存在缺漏，预报的内容也与上文徐光启的奏报略有不符，但是可以看出成都府东西偏度的确定确实是按照先估算、后实测、再修正的程序进行的。

---

[1] 汤若望．学历小辩 [M]// 薄树人．中国科学技术典籍通汇・天文卷 (八). 郑州：河南教育出版社 , 1997: 974.

[2] 其中心是论述各地存在时差。为了证明经度不同则各地见月食时刻不同，文中还附有从万历元年到崇祯四年的十条月食记录，其中部分为依《大统历》推算的顺天府月食时刻与西方月食见食时刻的比较，还有一些可能是传教士来华后在各地所测，最后一条是崇祯四年四月十五日月食的记录。

[3] 汤若望，李天经．西洋新法历书・交食历指 [M]// 薄树人．中国科学技术典籍通汇・天文卷 (八). 河南：河南教育出版社 , 1997: 1265.

传教士群体对北极高度的测量

自利玛窦来华以来，传教士同时会搜集中国的各种自然以及人文信息，传递回欧洲，其中关于中国的地理情况是比较重要的内容。从利玛窦来华到《历象考成后编》的编纂，地圆说以及经纬度的概念已经传入中国 150 多年。当地圆说刚开始传入中国的时候，经度、纬度的测量多是由传教士在途经各地的时候测得。以利玛窦为例来说，利玛窦本人在旅行途中以及来到中国后实际测量过多地的经纬度。所以在 1583 年 2 月的信中利玛窦说道："目前我所处的位置（澳门）为北纬二十二度半，东经根据可靠的报导为一二五度。"[1] 在 1584 年的信中，他提到"我曾清楚的观察过两次月食，一次在澳门，很仔细的观察，而另一次在肇庆，它在澳门北方，差不多在一百二十四度左右"。可见利玛窦是通过观察月食来确定澳门和肇庆的位置的。纬度测量相对容易，不像经度测量需要特定的天文现象出现，所以利玛窦来中国后，在各地奔走一路上不断测量纬度，在 1595 年利玛窦在中国旅行途中至少测得了南方七个城市的位置，它们是赣州、吉安府、南京、南昌、昭宁府、九江府、南康，而且南京和赣州两地的纬度在利玛窦书信中多次提及[2]。在 1598—1599 年借着进访北京的机会，利玛窦又陆续测了一些城市的纬度，据统计他

[1] 利玛窦 . 利玛窦书信集 [M]. 台湾 : 光启出版社 , 1986: 35.

[2] 同上书 , 149–199。

至少测得了14个城市的纬度[1]。因为纬度测量相对经度测量容易，随时随地可以测量，所以关于早期传教士进行的测量纬度居多。随着明末改历的兴起，了解地圆说的中国人也开始参与到经纬度的测量中，改历的领导者徐光启就大力主张进行经纬度测量。至清代康熙后期，组织大地测量期间，由传教士主导又进行大规模经纬度测量活动，与此同时，由中国人编纂的《历象考成》和《历象考成后编》，里面的某些推算同样需要用到各地的经纬度数据，清代具体测量过程内容后文会详细论述，此处仅就北极高度数据进行讨论。

这一时期纬度数据的分析见表2.7，表中从左至右按成书的时间先后列出书中给出的纬度数据。第二列，为《葡汉辞典》中的纬度数据[2]。成书于1584—1588年的《葡汉辞典》为利玛窦与罗明坚定居肇庆时所著，该书最后包括京师以及15个省府的纬度值，应该是传教士记录的最早的中国各地的纬度数据。通过分析，纬度测量的绝对平均误差为2° 7′。值得注意的是，其中江南、四川、湖广、浙江以及广州五个省府的纬度值与现代纬度值的误差要小于1°。特别是广州府的误差只有11′。这五个省府的纬度可能是实际测量过的，至于其他的纬度数据可能是传教士估测出来的。表2.7中第三至五列为传教士庞迪我（Diego de Pantoja，1571—1618）、熊三拔（Sabbatino deUrsis，1575—1620）以及阳玛诺（Emmanuel Diaz，1574—1659）著作中的数据。

---

[1] 刘俊馀，王玉川．利玛窦中国传教史：下[M]. 台湾：光启出版社，1986: 279.

[2]《葡汉辞典》为第一部中欧语言辞典。其中除了语言条目外，还有一些其他稿件，特别是有一份关于“天地毬”和“混天毬”两种天文仪器的的稿件。这部分纬度数据摘自朱浩浩文章。具体的研究见：朱浩浩．罗明坚、利玛窦《葡汉辞典》所附“天地毬”与“混天毬”手稿研究[J]. 上海交通大学学报（哲学社会科学版），2015, 23(1): 46-56.

表 2.7　明清史料中北极高度数据

地点	《葡汉辞典》	《日晷图法》1612 年	《表度说》1614 年	《天文略》1615 年	现代值
北京	45°	40°	40°（强）	40°	
南京	33°	32°	32° 30′	32° 30′	32° 4′
山东	40°	37°	37°	37°	36° 40′
山西	42°	38°	38°	38°	37° 54′
陕西	37°	36°	36°	36°	34° 16′
河南	37°	35°	35°	35°	34° 52′
浙江	31°	30°	30°	30°	30° 18′
江西	30°	29°	29°	29°	28° 37′
湖广	31°	31°	31°	31°	30° 35′
四川	31°	29°	29°	29° 30′	30° 40′
福建	28°	26°	26°	26°	26° 3′
广东	23°	23°	23°	23° 30′	23° 7′
广西	27°	25°	25°	25°	25° 17′
云南	24°	22°	22°	24°	25° 2′
贵州	20°	24°	24°	24° 30′	26° 35′
平均绝对值误差	2° 7′			38′	

另外，《明史·天文志》中记载了明末改历时期使用的一套纬度数值。据《明史·天文志》记载，其所附的纬度数据是明末改历时测量的，其纬度数据仅北京、南京、南昌以及广州系实测，其他地点是根据地图测量。纬度的平均绝对误差为 38′，北京、南京、南昌以及广州四地的纬度误差据前人分析为 14.15′。西方天文学以及地圆说传入之前，唐代一行和元代郭守敬都组织了大规模的大地测量，郭守敬“四海测验”实际测得了 27 个地点的北极高度（纬度），据近人研究，其测量的误

差约为30′[1]，还要好于明末传教士测量的纬度数值。究其原因，当然北极高度测量相对容易，郭守敬“四海测验”是一次精确的科学测量活动，而明末传教士的测量数据是在传教和旅行途中测量，不能直接测量的部分可能是根据地图量的，甚至仅仅是听人转述。

交叉比对《明史·天文志》中记载数值与庞迪我、熊三拔等所著《日晷图法》《表度说》等相关著作中的数据，基本相近，可视为代表明末传教士的测量成果。据孙榕、邓可卉等人研究，在1610—1615年传教士所著的天文相关著作中，都有涉及关于北极出地高度的测算内容，这些内容是在一套系统里相继、连续地被出版，而并非作为某一本孤立的著作被传入。[2] 它们“次第相承，浅深相系，盖互为表里之书”[3]。笔者认同这一观点，这一套数据应视为传教士群体合力工作成果，并且是经过不断完善的。这一点从较早的《葡汉辞典》与其他几部书籍数据存在较大差异就可看出。

但值得注意的是，庞迪我、熊三拔等人的著作在崇祯改历前完成，与《明史·天文志》记载有异，具体情形如何，还有待进一步探索。

---

[1] 钮仲勋．明朝的纬度测量[M]// 中国天文学史文集：第4集．北京：科学出版社，1986：118−125.

[2] 孙榕，邓可卉．《表度说》中的圭表测量原理与方法：兼论明末传教士的北极高度测量[J]. 咸阳师范学院学报，2015（6）：11−17.

[3] 文渊阁四库全书：第787册[Z]. 台北：商务印书馆，1986：851.

第三章 清初历法中的经纬度算法

清代的历法改革与经纬度测量

明清易代以后，汤若望以其在历算方面的优势作为投效清廷的敲门砖，先是进呈各种仪器，并且上奏疏预报当年九月二日京师及各省直日食以及来年二月的月食，请求检验，后经验明与据西法推算的日食密合。在取得清廷的初步信任之后，汤若望把原来的《崇祯历书》重新加以修改和编排[1]，于 1645 年底进呈给清廷，顺治皇帝亲笔提名为《西洋新法历书》，并马上颁行使用。在 1673 年，改名为《新法历书》。至乾隆年间编纂《四库全书》时，再次改名为《新法算书》[2]。《西洋新法历书》

[1]《崇祯历书》在崇祯七年成书之后，陆续有所添加和改动。清初汤若望进呈的《西洋新法历书》，其与《崇祯历书》在内容与编目上的异同可详见：祝平一的《崇祯历书考》(2008)。及至《西洋新法历书》颁布之后，每次重新刊行，在内容和编目上也都有所变动。本书中关于《崇祯历书》的参考文献，主要是参考薄树人编《中国科学技术典籍通汇·天文卷（八）》(1997)，同时参考潘鼐汇编《崇祯历书》(2009)，以及石云里、褚龙飞校注的《崇祯历书合校》(2017)。

[2] 潘鼐．西洋新法历书提要 [M]// 薄树人．中国科学技术典籍通汇·天文卷（八）．郑州：河南教育出版社，1997：643-650.

行用约半个世纪后，康熙皇帝推动了一场历法改革，为《历象考成》所取代。

（一）康熙皇帝对天文历算的兴趣

清初康熙皇帝主导大规模的历法编纂，其结果是《历象考成》很快被编纂出来。他对天文历算的重视对整个清朝的科学发展都有重要影响。在修历过程中，康熙皇帝甚至对历法内容亲自过问并加以修正，完全得益于他一直以来对天文历法的关注与研习。

康熙皇帝（爱新觉罗·玄烨）是清朝的第二个皇帝，生于 1654 年，八岁继承皇位，改年号为康熙，六年后即康熙皇帝十四岁时正式亲政，在位共 61 年。康熙皇帝对天文历算的兴趣起于年幼时经历的历法之争，即所谓的“康熙历狱”[1]。清初顺治年间，汤若望掌管钦天监，他颇得顺治皇帝的信任，被顺治皇帝称为“玛法”（满语爷爷），在宫廷内颇有势力。但是在康熙三年（1664 年），杨光先上奏弹劾汤若望以及指责当时使用的西洋历法不具合法地位，朝野震动。随即汤若望下狱被判处死刑（后被释放），而五名中国官员被处死，朝廷令杨光先掌管钦天监。但是杨光先本人并不通历法，其编制的历法错误频出，甚至在一年之中置闰二次以及设置了两个春分日和两个秋分日。康熙七年（1668 年），南怀仁（Ferdinand Verbiest，1623—1688）等传教士与杨光先以及吴明烜等在东华门进行辩论，并进行测验日影比试。第二年，双方再次进行比试，杨光先、吴明烜以及南怀仁会同大臣二十余人，测验了立春、雨水、火星和木星的位置，结果西洋历法大获全胜。而后杨光先被革职流放，复

[1] 康熙历狱实际上反映的不仅是历法问题的冲突，更涉及民族、政治、文化的冲突。具体细节见：夕羊．康熙历狱始末 [J]. 文史春秋，2001（10）：71–75；谢景芳．杨光先与清初“历案”的再评价 [J]. 史学月刊，2002（6）：42–52.

用西洋历法，南怀仁继续掌管历法[1]。

年幼的康熙皇帝目睹了整个历狱事件的经过。在《御制三角形算法论》中也提到自己学习西方天文数学的原因：

康熙初年，因历法争讼，互为诬告，至于死者，不知其几。……朕目睹其事，心中痛恨，凡万几余暇，即专志于天文历法二十余载，所以略知其大概，不至于混乱也。[2]

康熙皇帝曾明确提到自己学习历算的目的就是“断人之非”，康熙五十二年（1713年）他训导皇子们：

朕幼时，钦天监汉官与西洋人不睦，互相参劾，几至大辟。杨光先、汤若望于午门外九卿前，当面赌测日影，奈九卿中无一知其法者。朕思，几不知，焉能断人之非？因自愤而学焉。今凡入算之法，累辑成书，条分缕析。后之学此者，视此甚易，谁知朕当日苦心研究之难也！[3]

历狱事件令年幼的康熙皇帝看到了传教士推算的准确，以及国人对于历算的“不知”。于是对西法开始留心学习。随后康熙皇帝让南怀仁制造欧式天文仪器，康熙十二年制造出黄道经纬仪、赤道经纬仪等六件仪器，并编纂成《新制灵台仪象志》一书。最初康熙皇帝向南怀仁学习西方几何以及地理等知识，但是因为国内局势不稳定，他对于西法的学习不能持续而一度中断。

随着国内局势的逐渐平稳，康熙皇帝对于西方的天文历算、地理等知识的兴趣再次燃起。南怀仁向欧洲呼吁希望更多的精通科学的传教士来华，以便接替自己的位置。于是康熙二十七年（1688年）洪若翰等

[1] 汤若望于1669年去世。

[2] 圣祖仁皇帝御制文集：第三集：卷19[M]//景印文渊阁四库全书．台北：台湾商务印书馆，1986.

[3] 圣祖仁皇帝庭训格言[M]//景印文渊阁四库全书．台北：台湾商务印书馆，1986.

五人携带天文观测器材、地图以及科学书籍共 30 余箱来到中国，令康熙皇帝非常高兴。从康熙二十八年（1689 年）到康熙三十一年（1692 年），是康熙皇帝集中学习西方科技的几年。康熙皇帝先后跟随白晋（Joachim Bouvet，1656—1730）、 张 诚（Jean Franois Gerbillon，1654—1707）、安多（Antoine Thomas，1644—1709）等人学习几何学、代数学、地理测量等知识，同他们探讨天文学甚至解剖学，而且还令传教士把这些西方科学知识翻译成汉文和满文。对于康熙皇帝的好学和勤奋，张诚的日记和白晋（Joachim Bouvet，1656—1730）的《康熙皇帝》中都有大量的描述。他们每隔几日，就为康熙皇帝讲学。康熙皇帝几次外出巡视，张诚皆随侍在侧，在空闲时间为皇帝讲学以及讲解天文仪器的用法。

康熙皇帝闲暇时写的一些诗作，也表明其对于西学的欣赏。如在《圣祖仁皇帝御制文集》中收录康熙皇帝的两首诗作——《咏观天仪器》和《初秋晚雨后观仪器》：

咏观天仪器

乾象极高远，孰者为纲维。惟此贞恒理，可以揆测知。灵台有仪器，云自古圣贻。偃盖金粲粲，饰体珠离离。横玉筦其中，激水相推移。内挈黄赤道，外互南北垂。紫宸凝不动，列曜如峙棋。制作侔造化，法撰穷神奇。昔在有虞氏，以命和与羲。七政顺其轨，庶绩咸用熙。后来代有述，神明夫前规。日官比申命，钦哉重人时。惟防恒自勅，曰旦凛在兹。五纬协位序，燠寒无僭差。永言答灵眷，长与休祯期。[1]

初秋晚雨后观仪器

从容更觉静悠悠，片片荷香送小舟。日落开窗云外景，风清拂户雨

[1] 圣祖仁皇帝御制文集：初集：卷 34[M]// 景印文渊阁四库全书．台北：台湾商务印书馆，1986.

中秋。宽怀自有数行字，乐志须操一算筹。万物无穷最易晓，其间诸象列天球。[1]

可以看出康熙皇帝对于操作观测仪器以及用西法进行推演，是非常怡然自得的。在诗中，他还特别加注“向日最喜天文算法”。

通过和传教士们学习，康熙皇帝对于天文历算的知识得到了一定的累积。如果说康熙皇帝最初对西方的科学知识感兴趣的起因是他想要辨是非，不被蒙蔽，那么当他有了一定的积累之后，他把学习到的西方知识当作实现自己文化统治的工具。康熙皇帝在不同场合向他的大臣们展示他学习西法所得。无论是康熙二十八年（1689 年）关于老人星观测以及与李光地的问答，还是康熙三十一年（1692 年）关于日影的观测，都是他政治“作秀”的一部分。其目的除了塑造自我博学的形象，更是通过掌握科学的话语权来控制汉人[2]。但不可否认的是，因为康熙皇帝对于西方天文历算的关注，他身边的皇子和臣子在其影响下也开始更多地关注西方的科学知识[3]。

（二）蒙养斋的设立与《历象考成》的修订

康熙对西方的天文历法很是欣赏，特别是认为地球概念是历理之根本，曾经说道：“自古论历法未尝不善，总未言及地球、北极之高度，所以万变而不得其著落。自西洋人入中国，方有此说而合历根”。1705 年之后，尊孔祭祖的礼仪之争愈演愈烈。传教士们在礼仪问题上的纠缠，

[1] 圣祖仁皇帝御制文集：第二集：卷 45[M]// 景印文渊阁四库全书 . 台北：台湾商务印书馆 ,1986.

[2] 韩琦 .“自立”精神与历算活动：康乾之际文人对西学态度之改变及其背景 [J]. 自然科学史研究，2002（3）：210−221.

[3] 比较有代表性的人物就是李光地。李光地接触天文历算的目的就是为了迎合康熙皇帝的口味，包括为康熙皇帝引荐历算人才梅文鼎以及王兰生。

让康熙皇帝对于传教士的态度也开始发生微妙的转变。出于对传教士的不信任，康熙皇帝想要由中国人自己编纂一套天文历法著作，以此摆脱传教士的影响。康熙的想法得以施行的契机是康熙五十年（1711 年）的日影观测。康熙皇帝发现钦天监推算的夏至时刻与实际观测有误，进而指出西洋历法“大端不误，但分刻度数之间，久而不能误差”[1]。于是传召耶稣会士询问，重新利用传教士的新算表计算才知道西方已经有了新的天文表。康熙皇帝认为传教士有所隐瞒，这令他产生了一种受制于人的感觉。于是康熙皇帝希望知道西方是否有新的数学、天文学著作，传教士马国贤（Matteo Ripa，1682—1746）来华觐见时康熙皇帝的问话也表明了其态度:“皇上问了我的名字，国籍和职业，还有我们是否带过来什么新的数学著作”[2]。戴进贤也曾记述，自己来华后，被问及是否携带了新的数学书籍和仪器。

康熙五十二年（1713 年）康熙皇帝在畅春园的蒙养斋设馆，广招历算人才进行修历。据韩琦的研究，蒙养斋的设立实际上是受了法国皇家科学院的影响[3]。法国皇家科学院建立于 1666 年，是由法国皇室支持，其建院目的是致力于发展一些重大的项目，如在世界范围内进行天文观测、测定经纬度等。蒙养斋内的算学馆只是一个临时性的机构，历书编纂完成后即散馆。蒙养斋成立的时候，正值大地测量进行时，这次大地测量主要是由传教士开展，很难说康熙皇帝这时组织成立蒙养斋，不是想要培养中国历算以及测量人才[4]。据载:“康熙五十二年（1713 年）设算学馆于畅春园之蒙养斋。简大臣官员精于数学者司其事，特命皇子亲

[1] 圣祖仁皇帝实录：卷 248[C]// 清实录 . 北京：中华书局，1985：456.

[2] 马国贤 . 清廷十三年：马国贤在华回忆录 [M]. 上海：上海古籍出版社，2004.

[3] 韩琦 .“格物穷理院”与蒙养斋：17、18 世纪之中法科学交流 [M]//《法国汉学》丛书编辑委员会 . 法国汉学（第四辑）. 北京：中华书局，2000.

[4] 后文会把大地测量与修历中负责考测的人员进行对比，更能看出这一点。

王董之，选八旗世家子弟学习算法。……教习六十人……每旗官学资质明敏者三十余人，定以未时起，申时止，学习算法。"[1] 蒙养斋由康熙皇帝的三子允祉统管，其组成成员为八旗世家子弟、精于历算的官员，而且这些学习之人还要参加考核，优秀者才能在修书处修书。由传教士授课，授课内容包括西方的几何、算术、天文以及测量知识。蒙养斋最主要的工作就是编译西方的数学、天文著作，并进行观测。培养了一批精通西方天文历算和测量的人才，如梅瑴成、何国宗、明安图等人在此后的雍正、乾隆年间的大地测量以及历法修订中都发挥了重要作用。

蒙养斋最主要的成果就是编纂《律历渊源》。《律历渊源》由《历象考成》《数理精蕴》和《律吕正义》三书构成，共有一百卷。其中《数理精蕴》是一部数学书籍，包含了当时传入的全部西方数学知识。《律吕正义》则是一部乐理书籍，其续编介绍了西洋乐理以及五线谱的构造。《历象考成》是一套历法体系，包括上下两编以及大量的算表。上编为"揆天察纪"，即对历法原理的阐述，而且对基本的西方天文学概念进行详尽的解释，如地球、岁差、经纬度等。下编为"明时正度"，主要是讲具体的计算方法以及算表的使用方法，其记述体例与传统的历法相似，包括日躔、月离、交食、五星等部分。康熙皇帝在历法修订时指出："古历规模甚好，但其数目岁久不合。今修书，宜依古历规模，用今之数目算之。"[2]《历象考成》最主要的特点是更新了此前的观测数据，不仅包括在改历中的观测结果，还包括此前南怀仁等人的观测结果。在《历象考成》编纂之前，为了验证《西洋新法历书》中的天文常数，传教士就对太阳及五星的位置进行了观测，特别是五星部分，大多是在 1710 年进行的观测，这一过程中也获得了新的观测数据。另外，《康熙永年历

[1] 托津·清会典事例：卷 829[M]. 北京：中华书局，1991.

[2] 时宪志二 [M]// 赵尔巽 . 清史稿：卷 45. 北京：中华书局，1976：1668.

法》和《灵台仪象志》是《历象考成》算法部分的重要根据,《历象考成》的历表部分则是利用重新观测的结果且根据或参考《康熙永年历表》和《灵台仪象志》编制的。[1]

《历象考成》在天文体系上和《崇祯历书》一样，沿用第谷的体系，只是通过观测提高了精度并改进了天文数据，在基本理论上并没有很大的改进,日月食的预报仍然存在不小的误差。于是在雍正八年(1730年)开始对《历象考成》进行重修，同年修成日躔表和月离表。在乾隆二年(1737年),梅瑴成、何国宗以及戴进贤等人开始编译《历象考成后编》,大概于1745年全部完成。《历象考成后编》吸收了当时比较先进的开普勒、牛顿以及卡西尼等人的工作。

《历象考成》中利用经纬度的推算

中国古代传统历法中，推算日月食、二十四节气时刻以及昼夜时刻都是很重要的部分。在《历象考成》中推算了这三者的部分内容，同时考虑到了经纬度的影响，这在算法中有专门的说明，如“推各省节气时刻用时”“推日出入昼夜时刻法”“推各省月食法”“求各省日食时刻分秒”“求各省日食方位”等推算方法。《崇祯历书》与《历象考成》的基本理论大体相同，但是《崇祯历书》的内容庞杂，编排的逻辑性较差，

[1] 桥本敬造. 中国清朝初期的天文历算学 [J]. 科学史译丛, 1984 (2): 39-43.

而《历象考成》可以说是对《崇祯历书》的整理消化，全书编排条理又清楚，不论是太阳、月亮运动，还是交食、五星的推算，都是按照先理后法的规则来论述。下面对具体涉及经纬度的主要推算内容进行说明。

（一）二十四节气时刻与月食时刻的推算

二十四节气是中国古人把太阳周年与物候、气候以及农业生产结合到一起的一套时间划分体系。古代历法的一个重要功能就是确定二十四节气的时刻，中国古代历法确定二十四节气，基本有两种划分方法：一种是把一回归年的日数均分为 24 份，每一份为十五日有余，为一节或一气，即所谓“平气”；另外一种是隋唐以后，太阳运动的不均匀性被发现，历法中出现了考虑太阳运动不均匀性的日躔表，二十四节气时刻的推算方法被称为“定气”，推得的节气时刻一般均为首都的时刻。《历象考成》中计算二十四节气时刻是以冬至日为起点，把黄道均分为 24 份，每十五度为一节或一气。具体的推算方式：以春分为例，首先求得春分日子正时刻（a 点）到下一日子正时刻（b 点）太阳的行度（日率），然后求得本日实行与第一宫一十五度（春分点）的度数（距度），距度可提前推算好一年中太阳运动的距度表，计算时直接查表求得，或根据算表利用“等比例”的方式求得，最后把该度数换算成时间[1]。公式可表示为春分时刻 = 距度 *1440/ 日率，其中，求得的春分时刻单位为分，根据 1 小时为 60 分，1 刻为 15 分，换算成春分的具体时刻。（图 3.1）

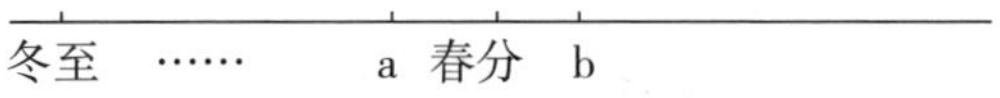

图 3.1　春分时刻示意图

[1]《历象考成》中配有大量的算表，为编制历法时预先推算出天体在某一个周期内的各种运动情况，并把计算所需的数值列于表内，此后需要计算时，可根据计算点所处在周期中的位置，直接查表得到数值，带入相应公式计算即可，而不必重新整体推算一遍。

具体计算时，不同地点的节气时刻则是在计算出京师时刻的基础上进行修正：

而京师各省时刻不同者，此则东西之里差，亦名地平经差，而非天行之故。……今以京师为主，在京师东者，见日出入皆早，其日中必在京师午正之前。在京师西者，见日出入皆迟，其日中必在京师午正之后。故东方节气迟者，并非日躔之缩，乃其见日早也。西方节气早者，并非日躔之盈，乃其见日迟也。其时刻之差，视偏度之多寡。每偏一度，得时之四分，偏东者加，偏西者减。要以京师之节气时刻加减之，即得各省之节气时刻。[1]

这段话不仅说明各地节气时刻的计算方法，也指出各地节气时刻不同不是因为太阳运动，而是由于各地有东西里差（地理经度不同）。

由于月食见食深浅各地皆同，各地见月食时刻各异是由于经度不同而各异，对于月食见食时刻不同的论述基本与《崇祯历书》相同：

以京师为主，视各省之子午线。在京师东者，以时差[2]加。在京师西者，以时差减。皆加减京师各时限时刻，为各省各限时刻也。[3]

（二）昼夜时刻推算与纬度

《历象考成》中明确指出北极高度（地理纬度）对于历法推算的影响：

北极为天之枢纽，居其所不移。其出地有高下者，因人所居之地南北不同也。是故寒暑之进退，昼夜之永短，因之而各异焉。盖历法以日躔出入赤道之度，定诸节气，而北极出地之度，即赤道天定之度。倘推

[1] 何国宗，梅瑴成．历象考成 [M]// 薄树人．中国科学技术典籍通汇·天文卷（七）．河南：河南教育出版社，1997：576.

[2] 经度相差一度换算成时间为四分钟。

[3] 何国宗，梅瑴成．历象考成 [M]// 薄树人．中国科学技术典籍通汇·天文卷（七）．河南：河南教育出版社，1997：576.

测不精，高度差至一分，则春秋分必差一时，而冬夏至必差一二日。日躔既差，则月离五星之经纬无不谬矣。故测北极出地之高下，最宜精密，不容或略也。[1]

上文强调了北极高度（地理纬度）对历法推算的重要性[2]，一旦北极高度确定出现错误，进而历法中推算日月五星的位置都会出现错误。北极高度不同是因人所处地球上的南北位置不同，也由此出现寒暑季节变换和昼夜长度变化。

昼夜长度不同，主要是由于地球地轴与地球的公转平面存在夹角，所以地球上不同纬度的地方被太阳照射的时间季节性变化。就中国所处的北半球来说，每年春、秋分日昼夜平分，春分后逐渐昼长夜短，秋分后逐渐昼短夜长，夏至日白昼时间最长，冬至日白昼时间最短。中国古代历法对于昼夜时刻的推算非常注意，如《大衍历》中有九服漏刻的计算方法。明末清初西方天文学概念传入之后，对于昼夜时刻差异的原理认识得更深刻。

昼夜由于日之出入，因人所居有南北，故见日之出入早晚随时各异。而昼夜之永短生焉。……所居之地愈北，则永短只差愈多。

昼夜永短，以南北而异，若东西虽相去千万里，苟南北极之高度同，则昼夜之永短亦同，故谓之南北里差，亦名地平纬差。[3]

《历象考成》中指出，各地昼夜时刻不同是由于各地北极高度（地理纬度，也称为南北里差）不同引起，与东西距离（地理经度）无关。

---

[1] 何国宗，梅瑴成．历象考成 [M]// 薄树人．中国科学技术典籍通汇·天文卷（七）．河南：河南教育出版社，1997：534.

[2] 该段话应是基于浑仪测量而言的，中国古代的观测一般是基于浑仪观测的，使用该仪器最重要的一点就是要校正北极所指。

[3] 何国宗，梅瑴成．历象考成 [M]// 薄树人．中国科学技术典籍通汇·天文卷（七）．河南：河南教育出版社，1997：573.

《历象考成》中也指出，对昼夜时刻影响最大的莫过于北极高度（地理纬度）。关于“推日出入昼夜时刻法”的推算为：

其推步之法，以本地北极出地高度为主，求得各节气日出入时刻，即得昼夜时刻也。

以半径一千万为一率，北极高度之正切线为二率，本日距纬度之正切线为三率，求得四率为卯酉前后赤道度之正弦。检表，得日出入在卯酉前后赤道度，乃以一度变为四分，十五分变为一分，春分前，秋分后，为卯后酉前分，以加卯正为日出时刻，以减酉正为日入时刻……[1]

根据上文，推算的思路是根据各地北极高度的不同，求得一年中不同节气的日出入时间，而后就可得每日的昼夜时长。清代的计时方法，主要是把一天分为 12 个时辰 96 刻。其中卯、酉分别指早上 6 时和下午 6 时，每日的昼夜划分基本就在卯酉时刻前后。昼夜时刻的推算公式应为：

$$\sin\alpha = \gamma \times \tan\beta \times \tan\delta$$

其中，γ 为地球半径，β 为某地的北极高度，δ 则为该地的某日的距纬（正午太阳与天赤道的距离，距纬的最大值为 23° 26′，即当冬、夏至日太阳直射南北回归线时），通过查正弦表得到卯酉前后的赤道度 α，为该地日出入时与天赤道的距离，换算成时间，即为距离春秋分日出入时间的差值。再根据所处节气进行加减，得到昼夜时刻。根据上述公式，理论上可以求出地球上任何一地在一年中任意时间的昼夜时刻。

（三）日食推算与经纬度

日食的推算则比月食复杂得多，一次完整的日全食过程包括：初亏、食既、食甚、生光、复原五个阶段。而日偏食则只包括初亏、食甚、

[1] 何国宗，梅瑴成．历象考成 [M]// 薄树人．中国科学技术典籍通汇·天文卷（七）．河南：河南教育出版社，1997：573, 827.

复原三个阶段。一般一次完整的交食推算，需要能够完整地计算出此次日食的初亏、食甚和复原时刻，即所谓的日食三限，以及此次日食的食分[1]。各地见食的时刻不同，见食的深浅也不同。不仅要考虑各地经度，还要考虑各地纬度的影响。关于求各地的日食时间，在《历象考成》中的“求各省日食刻分秒”法综合概括了推求各地日食的方法：

以京师食甚用时，按各省东西偏度加减之。与推各省节气时刻加减法同，得各省食甚用时。乃以各省食甚用时，按各省北极高度，依京师推近时真食分及初亏复原真时法算之。得各省日食时刻分秒。[2]

上述文字主要是指各省食甚在推算日食的时间以及食分，其基本思路是，以京师为主，其他各省府次之。先算得京师食甚时刻，利用经度差来计算各省府的食甚时刻，与利用地理经度推二十四节气时刻以及月食见食时刻方法一样。而后根据各地的北极高度（纬度）来推算各地的见食、初亏复原时刻以及食分。

《历象考成》上编的“交食历理”部分特别解释了日食的推算原理，指出：推算日食比推算月食困难许多的原因是日食有“三差”[3]，即高下差、东西差、南北差，日食三差是日食推算理论最为根本的基础。具体就日食推算来说，由于历法中的所有计算都是以地心为准进行的，但是人却是立于地面进行观测的，于是就存在一个半径视差，太阳和月亮都存在半径视差，而《历象考成》里面经常提及的“视高”和“真高”之间的变换就是利用半径视差。因为月亮与地球的距离较近，故月亮的半

---

[1] 是指日面被月亮遮挡的程度。如果是日偏食，则食分是指食甚时刻太阳视直径的被遮挡部分与整个太阳视直径的比值。日全食或环食时，则是食甚时刻月亮视直径与太阳视直径的比值。

[2] 何国宗，梅瑴成．历象考成 [M]// 薄树人．中国科学技术典籍通汇 · 天文卷（七）．河南：河南教育出版社，1997：913.

[3] 此日食三差与传统历法的日食三差不同，中国传统历法中日食三差为时差、刻差和食差。

径视差恒大于太阳的半径视差，高下差就是月亮的半径视差减去太阳的半径视差。[1] 人所处地球上不同的地方，则高下差也不一样。如图 3.2 所示，A 为地心，C 为月亮，B、D 分别为地球上不同的两地点，角 ACB 与角 ACD 可近似视为 A、B 两地的高下差。东西差、南北差又是由高下差引起的。在天球上过白极做两个经圈，一个过太阳真高，一个过太阳视高，这两条经线在白道上的截距就为东西差。而视高与真高的白道纬差为南北差。在地球的不同地点观测，亦影响东西差和南北差。《历象考成》中描述东西差和南北差对日食推算的影响为："东西差差三分余，则食甚差至半刻""南北差差三分，则食分差一分"[2]。

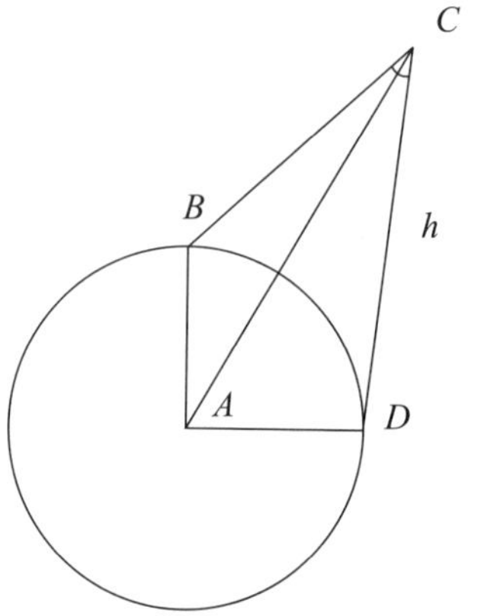

图 3.2　不同纬度高下差示意图

《历象考成》交食算表收录了一份编好的"东西差南北差表"，即根据高下差直接查表，就可得到"东西差"和"南北差"。具体是《历象考成》中推算日食的算法中有许多算法都需要用到"东西差表"和"南北差表"，如"求食甚视行""求真时距分""求真时月距限"等。可以说经纬度对

[1] 由于太阳和月亮同地球的距离悬殊，太阳视差远远小于月亮视差，故高下差可近似等于月亮视差。

[2] 何国宗，梅瑴成．历象考成 [M]// 薄树人．中国科学技术典籍通汇·天文卷（七）．河南：河南教育出版社，1997：662.

日食推算的影响，蕴含在“东西差表”和“南北差表”中了。

另外，《历象考成》给出的交食表中，还包括了庞大的“黄平象限表”[1]。所谓黄平象限，是指“黄道在地平上半周折中之处，东西距地平各一象限，故名黄平象限，又名九十度限”[2]。根据北极高度的不同，“黄平象限表”分为四个子表，推算日食的时候根据北极高度的不同查询不同的表。自北极高度16至22度查询表一，北极高度23至30度查询表二，北极高度30至38度查询表三，北极高度39至46度查询表四，图3.3、图3.4所示分别为黄平象限子表一和子表二的部分内容。

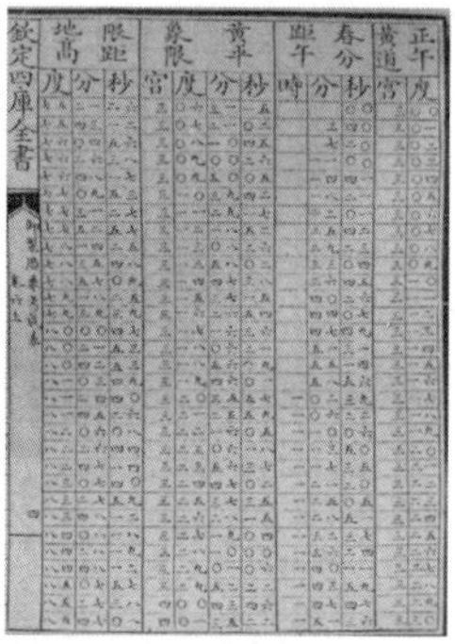

图3.3 黄平象限表（北极高16至22度）

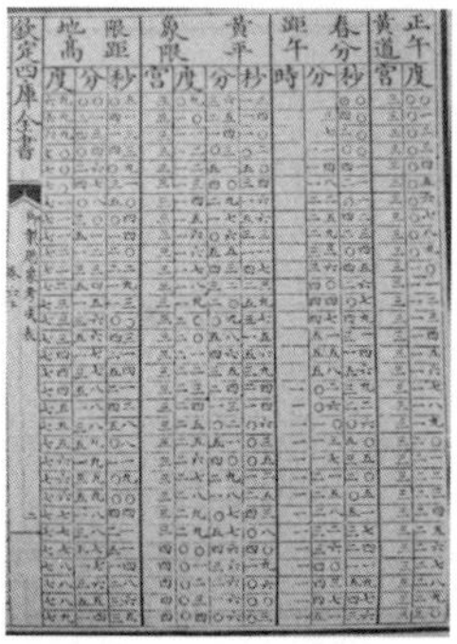

图3.4 黄平象限表（北极高23至30度）

[1] 历象考成表·黄平象限表[C]//影印文渊阁四库全书：791册[M]. 台湾：台湾商务印书馆，1983：319−511.

[2] 同上书，320。

历法改革所反映的经纬度测量

关于纬度的测量方法，据《崇祯历书》记载：

凡得日躔经度或某星经度，以午正日轨高或出入地平之经度等率，可定北极出地度分……约有五十法，今先具一本法。

用象限仪取北极附近一星，极高极低之数平分之，为北极出地度分。如用句陈大星——西历为小熊尾第一——冬至日酉时，测得极低三十七度强，卯时测之得四十三度强，其差六度。半之，三度与三十七度并。得四十度强。是顺天府北极北极出地之数。[1]

《崇祯历书》中提到测量北极高度（纬度）的方法有五十多种，但《崇祯历书》中实际并未给出那么多，而且书中还提及另一种测北极高度的方法，是根据任一恒星距天赤道的角度来判断，但是这种方法的前提是要先预知天赤道的出地高度，天赤道与北极的角度是 90°，所以这并不算新的测量北极高度的方法，仅是一种几何变换后的推算方法。由此看来，书中所说的五十多种方法应该是包括了这种类似球面几何变换的换算，乃是徐光启等人为了凸显“西法”精妙的夸大之语。《崇祯历书》中真正给出的测定北极高度（纬度）的方法就是使用象限仪测量北极附近的小熊座 α（勾陈大星）在日出和日落时分的高度，二者取平均值

[1] 徐光启．日躔历指 [M]// 薄树人．中国科学技术典籍通汇·天文卷（八）．河南：河南教育出版社，1997：1122.

可定为该地北极高度。《历象考成》明确给出的测定北极高度的方法与《崇祯历书》相同，都是测勾陈大星的位置。

表 3.1 为《历象考成》以及《历象考成后编》中给出的北极高度数据，以及同时期康熙大地测量的北极高度数值，对比传教士刚来华时测得的纬度数据，其测量的精度明显要好于明末。而清初改历中进行纬度测量的人员是派出专门的测量人员，这些人是经过专门训练的，被派往各地进行实地测量[1]。清代的纬度测量的误差为不到 2′，远远优于明末的测量精度。

表 3.1　清代历法改革与大地测量测定北极高度值

地点	《历象考成》（及《后编》）	康熙大地测量	现代值
北京	39° 55′	39° 55′	
南京	32° 4′	32° 4′ 30″	32° 4′
山东	36° 45′ 24″	36° 44′ 24″	36° 40′
山西	37° 53′ 30″	37° 53′ 30″	37° 54′
陕西	34° 16′	34° 15′ 36″	34° 16′
河南	34° 52′ 26″	34° 52′ 5″	34° 52′
浙江	30° 18′ 20″	30° 20′ 20″	30° 18′
江西	28° 37′ 12″	28° 37′ 12″	28° 37′
湖广	30° 34′ 48″	30° 34′ 50″	30° 35′
四川	30° 41′	30° 40′ 41″	30° 40′
福建	26° 2′ 24″	26° 2′ 24″	26° 3′
广东	23° 11′	23° 10′ 58″	23° 7′
广西	25° 13′ 7″	25° 13′ 12″	25° 17′
云南	25° 6′	25° 6′	25° 2′
贵州	26° 30′ 20″	26° 30′	26° 35′
盛京	41° 51″	41° 50′ 30″	
平均绝对值误差	1.7′	1.6′	

[1] 第五章会专门论及为改历进行的测量，对测量人员进行专门的分析。

关于经度的测量，进入清代之后，重新编纂了《历象考成》，其中也有新的经度数据，以及东西偏度和加时的数据，与《崇祯历书》相比，还增加了朝鲜和盛京二地的地理经度。

《历象考成后编》中也有一份东西偏度表（图 3.5）。一般认为，《历象考成后编》对《历象考成》中的日月理论进行了更新，那么关于交食推算，“求各省月食时刻”以及“求各地的日食时刻分秒”的方法和《历象考成》的方法完全相同。那需要用到的经度、纬度数据是否也有更新呢？笔者通过比对，发现二者使用的是一套东西偏度（经度）和北极高度（纬度）数据，就是说编纂《历象考成后编》的时候，并没对地理经度进行重新测量。对《历象考成》经度数据的分析，见表 3.2。

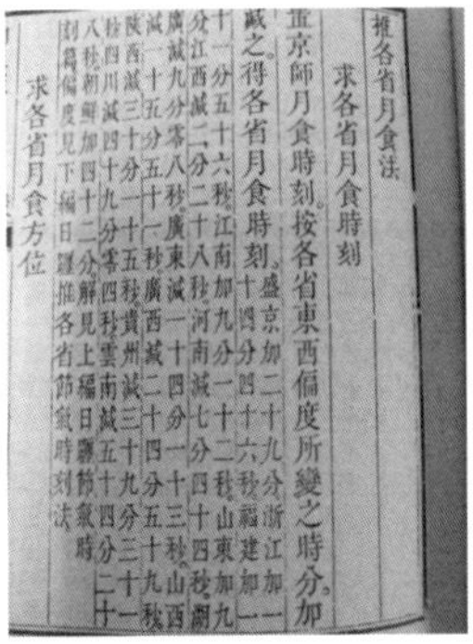
推各省月食法
求各省月食時刻
置京師月食時刻。按各省東西偏度所變之時分。加減之。得各省月食時刻。盛京加二十九分。浙江加一十四分四十六秒。福建加一十一分五十六秒。江南加九分一十二秒。山東加九分。江西減二分二十八秒。河南減七分四十四秒。湖廣減九分零八秒。廣東減一十四分一十三秒。山西減一十五分五十一秒。廣西減二十四分五十九秒。陝西減三十分一十五秒。貴州減三十九分二十一秒。四川減四十九分零四秒。雲南減五十四分三十八秒。朝鮮加四十二分。解見上編日躔節氣時刻。偏度見下編日躔推各省節氣時刻法
求各省月食方位

图 3.5 《历象考成后编》中的东西偏度和加时早晚

表 3.2 《历象考成》东西偏度分析

地点	东西偏度	与北京经度差（度）	现代距北京度数（度）	误差
盛京	7 度 15 分	7.25	7.01	–0.24
浙江	3 度 41 分 24 秒	3.69	3.86	0.17
福建	2 度 59 分	2.98	2.94	–0.04
江南	2 度 18 分	2.3	2.22	–0.08
山东	2 度 15 分	2.25	0.76	–1.49
江西	–37 分	–0.62	–0.69	–0.07

续表

地点	东西偏度	与北京经度差（度）	现代距北京度数（度）	误差
河南	–1 度 56 分	–1.93	–2.03	–0.1
湖广	–2 度 17 分	–2.83	–2.07	0.76
广东	–3 度 33 分	–3.55	–3.1	0.45
山西	–3 度 57 分	–3.96	–3.91	0.05
广西	–6 度 14 分	–6.24	–6.07	0.17
陕西	–7 度 33 分 40 秒	–7.56	–7.67	–0.11
贵州	–9 度 52 分 40 秒	–9.88	–9.82	0.06
四川	–12 度 16 分	–12.27	–12.2	0.07
云南	–13 度 37 分	–13.62	–13.82	–0.2
朝鲜	10 度 30 分	10.5	9.06	–1.44
			平均绝对误差	0.3438

《历象考成》中经度的平均绝对误差约为 0.34°，比之明末《交食历指》中相关数据反映出的经度绝对平均误差 1.5°，明显精确很多。

关于清代改历中经度的测量，《历象考成》记载：

欲定各省之时刻……非分测各省之月食。

各省偏度俱依地图经度所定。今测日影以求其节气时刻及月食早晚，验之皆与地图合。[1]

可见，历法家们还是主张各省的地理经度（各省之时刻），要通过月食观测来确定。但实际的情况却是，各省的偏度还是依据地图确定的。而为改历而进行的测量只为验证结果而已。对于地理经度的实际的测量方法，其实与明末崇祯改历并没有太多的不同。

[1] 何国宗，梅瑴成．历象考成 [M]// 薄树人．中国科学技术典籍通汇·天文卷（七）．河南：河南教育出版社，1997：827.

第四章 为地理测绘进行的经纬度测量

康熙年间，中西交流史上的一个重要科学活动就是进行了全国范围的天文大地测量，并且绘制出了《皇舆全览图》。这次天文大地测量的范围与规模都是前所未有的。方豪对此曾经评论过："明末中国天主教人士，在科学上做了一件集体大工程，那就是崇祯年间的修历；清初中国天主教人士，在科学上也完成了一件规模更大、在科学上也更卓著的伟业，那就是康熙年间的全国地图。"[1] 李约瑟曾评价《皇舆全览图》："不但是亚洲当时所有地图中最好的一幅，而且比当时所有欧洲地图都更好，更精确。" 这次大地测量活动是在康熙皇帝与传教士的共同推动下得以实现的。

[1] 方豪．中国天主教史人物传：中 [M]. 北京：中华书局，1988：298.

《皇舆全览图》的测绘背景

（一）西方的经度以及大地测量情况

17、18 世纪，在海上贸易的日趋繁荣和殖民扩张的刺激下，大范围测绘高精度地图成为当时欧洲各国最时髦的科学任务。自古希腊开始，人们就希望通过天文测量的方法来确定经纬度。地理纬度的测量相对容易，通过白天测量太阳正午高度以及夜晚测量北极高度来确定纬度。但地理经度的确定与时间有关，地理经度的测量是通过不计较不同地点单一天文现象的发生时间来确定[1]，或者是比较相关地点的本地时间与标准地点的时间来确定[2]。从古希腊时代起直到 16 世纪，经度的测量一直困扰着人们，特别当航海时代来临之后，人们更迫切地需要解决经度测量特别是海上测量经度的问题。为此，各国政府甚至悬赏了上百年。1598 年，当时的海上霸主，西班牙政府开始悬赏，其后荷兰、法国政府都相

[1] 古希腊提出的是通过观测不同地点的月食时刻来确定经度。后来发展出月距法，即通过测量月亮在恒星背景下的相对位置。见：DEREK HOWSE. The Lunar-Distance Method of Measuring Longitude[J]//WILLIAM J H ANDREWES. The Quest for Longitude[C]. Cambridge：Collection of Historical Scientific Instruments，1996：149-167.

[2] A J TERNER. In the Wake of the Act，but Mainly Before[J]//WILLIAM J H ANDREWES. The Quest for Longitude[C]. Cambridge：Collection of Historical Scientific Instruments，1996：115-133.

继出台悬赏。1707 年，英国发生了一次特大的航海事故之后[1]，英国政府出台经度法，悬赏 2 万英镑（相当于现在的百万美元）只为解决经度测量。当时欧洲最顶尖的科学家如伽利略、惠更斯、牛顿以及卡西尼都关注过经度测量的问题，他们都主张通过天文观测来解决经度问题，欧洲各地建立的天文台很多都是为这一目的服务的[2]。当伽利略把他的望远镜对准天空之后，他最先提出要通过观测木星的四个卫星的运动位置确定经度的方法，但是直到 1660 年天文学家们还是不能通过观测木星卫星的方式来确定经度，欧洲还是使用观测月食的方法来确定经度。1669 年，巴黎天文台台长卡西尼（Jean–Dominique Cassini，1625—1712）编制出详细的木星卫星的星历表——包括木星的运动轨迹和星蚀状况用以测定经度。在随后进行的测绘法国海岸线的工作中，皮卡等人就是通过观测木星卫星的见食情况来确定经度的。至 17 世纪 80 年代，通过木星卫星的见食来确定陆地上经度已经成为欧洲大陆上确定经度的主要方法[3]，卡西尼自己以及英国格林尼治天文台的天文学家们随后不断修正更新着木星卫星的星历表。海上确定经度的方法要等到 18 世纪 30 年代约翰·哈里森发明了精密的航海计时器才最终解决。

要指出的是，洪若翰（Jean de Fontaney，1643—1710）等传教士来华时，正是欧洲的天文学家们初步探索出在陆地上相对准确地测量经度，开始着手尝试大规模天文大地测量的时期。早在法兰西科学院成

[1] 当时一艘海船在快抵达锡利群岛（Scilly）时，弄错了自己的位置偏离了航向，导致 2000 人丧生。

[2] 由此衍生出来的科学问题不胜枚举，诸如地球形状的争论，延续了几十年，最终法国派出两支考察队分别于赤道和北极附近进行测量才最终解决。此外还有对于钟摆问题的研究等。

[3] ALBERT VAN HELDEN. Longitude and the Satellites of Jupiter[J]//WILLIAM J H ANDREWES.The Quest for Longitude[C].Cambridge：Collection of Historical Scientific Instruments，1996：101–115.

立之时，皮卡等人就已经开始尝试用各种方法进行测绘。在 1670 年左右，皮卡等人尝试利用三角测量法在巴黎附近测量 1° 的子午线长度，即通过测量三角形的一条已知边，对应顶点的方位角求出另外两边，辗转相求，形成三角形链，最终得到子午线弧长。皮卡的测量方法以及测绘的具体情况被收录到 1671 年出版的《测绘大地》中，并被传教士带往中国[1]。（图 4.1 至图 4.3）

图 4.1　皮卡的《测绘大地》封面

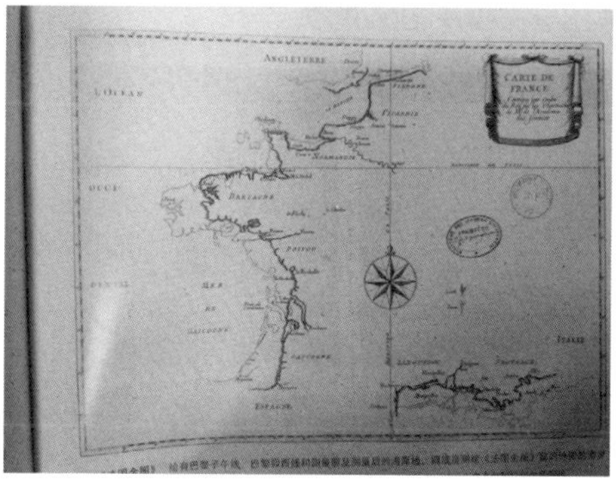

图 4.2　法国大地测量绘制《法国全图》，图中可见巴黎子午线、卯酉线以及清晰的海岸线

[1] 冯锦荣. 17、18 世纪法国科学仪器制造家与康熙年间天文大地测量：以皮尔卡、拉伊尔、罗默、巴特菲尔德、沙波托父子及比翁所制仪器为中心 [J]. 中国国家天文，2012（增刊）：82–113.

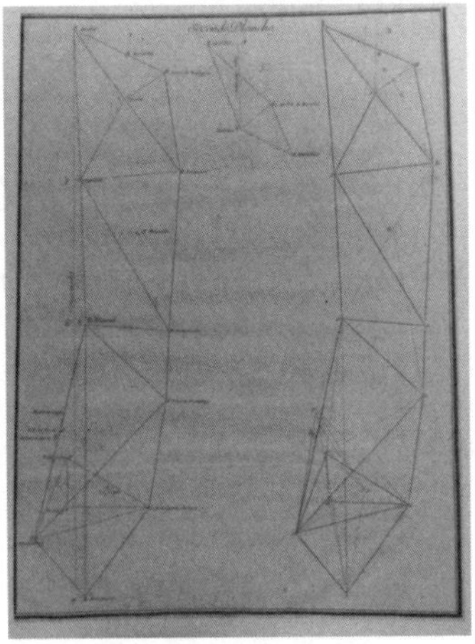

图 4.3　皮卡测量巴黎到亚眠之间子午线弧长所建立三角测量

（二）传教士的地理测绘任务

经历过康熙历狱之后，康熙皇帝对西学表现出了欣赏的态度，传教士在钦天监中的地位越来越稳固。南怀仁有感于在华传教士的逐渐辞世，以及新生力量的缺乏，向欧洲呼吁更多有科学素养的传教士来华。1685 年，法国国王路易十五以法国皇家科学院的名义派遣了一批传教士前往中国，他们被称为“国王的数学家”。

这些传教士来华除了传教的任务，还肩负着科学考察的任务。当时的欧洲科学界，正是大规模的科学活动兴起、不同国别的科学家之间的合作更加广泛、科学家们期待向地球上更多的地区进行探索的时代。在此背景下，此时远在大洋彼岸的中国也被纳入他们的世界性的科学活动中去[1]，在这些“国王的数学家”离开法国之前，洪若翰等四人被任命为法兰西科学院通讯院士。法兰西科学院的成员们列出了一份包含 34 个问题的清单，上面汇集了他们想要了解的关于中国的各式各样的问

[1] 杜石然，韩琦．17、18 世纪法国耶稣会士对中国科学的贡献 [J]. 科学对社会的影响，1993(03)：55-64.

题[1]。从这份清单上可以看出科学院的成员们对中国的地理情况非常感兴趣，下面就是其中七条明确指出他们希望传教士来华后重点关注的地理问题：

[3] 尊敬的耶稣会士神甫们是否对中国的经度和纬度做过大量的观测

[14] 主要城市如北京、南京和广东的规模和人口

[26] 马可波罗笔下的 Quinsay（行在）是否就是浙江首府杭州，该省的湖州路及其湖泊

[27] 东鞑靼和西鞑靼

[29] 关于朝鲜

[33] 中国各省的情况

[34] 澳门的情况

当时巴黎已经成为欧洲地图测绘的中心，巴黎天文台台长卡西尼也在着手策划绘制世界地图，他对于传教士们来华将要进行的科学考察非常重视。从巴黎出发前，洪若翰与卡西尼约定，二人分别于巴黎和暹罗（泰国的右段）共同观测一次月全食，以准确确定两地所处子午线的距离，即测定两地的经度[2]。在当时，欧洲确定地理经度的常用方法是观测木星卫星的相对位置，卡西尼把测定经度相关的算表交给传教士[3]，关于

[1] 传教士来华考察后，将考察结果陆续传回法国，这 34 个问题所涉及的内容基本上在杜赫德的《中华帝国全志》中都得到了解答。所有的 34 个问题见：蓝莉．请中国作证：杜赫德的《中华帝国全志》[M]. 北京：商务印书馆，2015：162–172.

[2] 洪若翰．洪若翰神父致拉雪兹神父的信 [M]// 杜赫德．耶稣会士中国书简集：中国回忆录 [M]. 河南：大象出版社，2001：255–256.

[3] JAMI CATHERINE. The Jesuits' Negotiation of Science between France and China（1685–1722）: Knowledge and Modes of Imperial Expansion[J]. Lászlò, Negotiating Knowledge in Early Modern Empires: A Decentered View, New York: Palgrave Macmillan, 2014: 53–77.

中国的地理知识就需要这些身在中国的传教士们去测量了，可以说传教士来华肩负的重要科学任务之一就是地理测量，精确测量中国各地的经纬度（图 4.4）。这些传教士于 1687 年抵达宁波，最终于康熙二十七年（1688 年）到达北京，在觐见完康熙皇帝后，白晋和张诚被康熙皇帝留在宫廷，其他人被允许到其他地方传教。传教士来华携带了当时巴黎制造的最精确的测量仪器（图 4.5），洪若翰利用卡西尼的方法反复观测木星卫星的位置，并以此确定了宁波、北京、上海、江州以及其他城市的位置[1]，他将测量结果传回巴黎，以便于和巴黎的测量结果作比较。

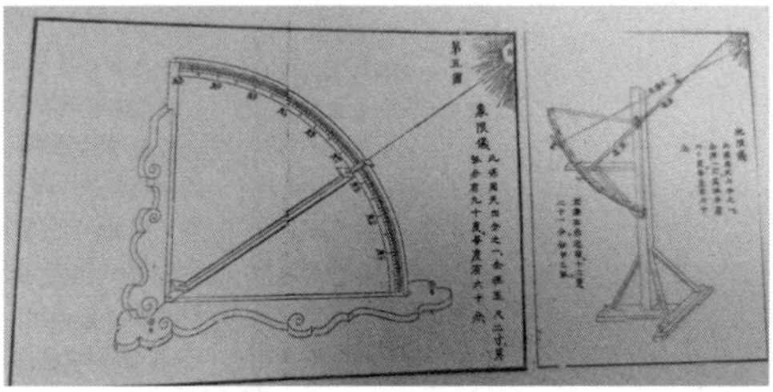

图 4.4　南怀仁记录在中国利用象限仪观测太阳高度。测量地理纬度的方法之一就是测量太阳的天顶距，然后进行换算

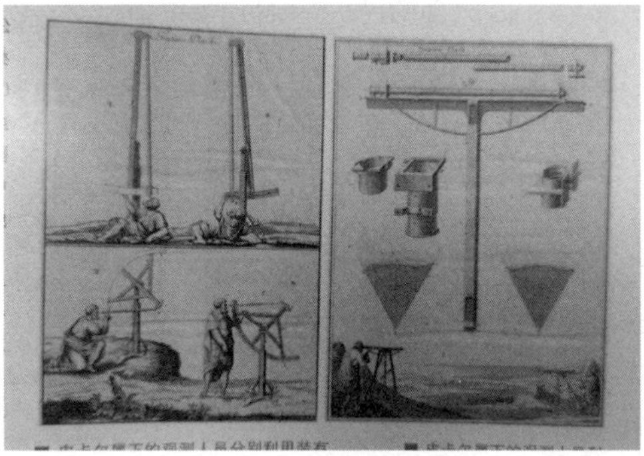

图 4.5　皮卡率观测人员利用六分仪、象限仪以及装有望远镜瞄准器的水准仪进行观测

[1] JAMI CATHERINE. The Jesuits' Negotiation of Science between France and China（1685–1722）: Knowledge and Modes of Imperial Expansion[J]. Lászlò, Negotiating Knowledge in Early Modern Empires: A Decentered View, New York: Palgrave Macmillan, 2014: 53–77.

康熙二十七年，张诚奉命作为翻译出使尼布楚。在这次出使途中，他基本上每天都通过观测正午太阳高度和夜观北极附近星的方式测量所到地的纬度以及与京师的距离，同时他也收集途经各地的地理信息。康熙二十八年（1689 年），耶稣会士张诚在为康熙皇帝讲授“西学”时提到：“打开亚洲地图指给皇帝看，鞑靼地区在地图上的位置简略不像，标绘粗陋”[1]，暗示康熙皇帝组织人手进行测绘。在多次随康熙皇帝出行的途中，张诚也不遗余力地进行测量，以期向皇帝证明新式的测量仪器和测量方法的优势。康熙三十七年（1698 年），传教士巴多明来华途中，发现各省地图与实际的地理位置多有不符。他为此上奏康熙皇帝，希望能够重新测绘。

传教士们之所以强烈建议康熙皇帝进行全国性的大地测量，原因之一就是要完成在中国进行地理测量的任务，正如冯秉正（Joseph-Francois-Marie-Anne de Moyriac de Mailla，1669—1748）在 1715 年的一封信中写到的：“我知道人们在欧洲急切地期待着这一工作的成果：人们会对我们满意的……我们参观了这个帝国的城市、乡镇、村庄、河流、湖泊、山岳等大大小小的地方……我们自己则努力不漏下任何值得研究的事物，这一切使我们确信，在这一方面，欧洲不能希望更多的东西了。”[2] 奉皇命测绘传教士们就可以深入到偏远封闭的地区，这些地区普通人甚至不许轻易进入。传教士把他们测绘的结果传回法国，就会成为当时欧洲了解中国地理的重要资料。

[1] 张诚．张诚日记 [M]. 陈霞飞，译．陈泽宪，校．北京：商务印书馆，1973：91.

[2] 冯秉正．耶稣会传教士冯秉正（Mailla）神父致本会德科洛尼亚（de Colonia）神父的信 [M]// 杜赫德．耶稣会士中国书简集：中国回忆录．河南：大象出版社，2001：158-159.

（三）康熙皇帝对测绘的重视

自秦灭六国，实现统一之后，“大一统”成为中国历代王朝帝王的核心追求。《清史稿》有载：“国家抚有疆域，谓之版图。版言乎其有民，图言乎其有地”[1]，这暗示了地图的意义更多的是一种国家权力的象征，拥有一地的地图，则宣示了对该地的统治。一旦得到新的地理疆域，首先要做的就是把该地的“星辰分野”纳入天文体系，把该地的“山川道理”绘入地图。乾隆皇帝就曾在平定准噶尔后下谕旨：“其星辰分野、日月出入、昼夜节气时刻宜载入《时宪书》，颁题正朔；其山川道理，应详细相度，载入《皇舆全图》，以昭中外一统之盛。”[2] 这样的行为意在空间（疆域）和时间（历法）上实现统一，强化“大一统”的观念和统治。

康熙皇帝（图 4.6）对于地图尤为关心和重视：“朕于地理，自幼留心。凡古今山川名号，无论边徼遐荒，必详考图籍，广询方言。”[3] 康熙八年，年仅 16 岁的康熙皇帝开始亲政，康熙二十年（1681 年）平定三藩，三年后收复台湾，然后又在北方与沙俄抗争。他在位 61 年，其间清朝实际统治的版图也不断扩大。特别是康熙二十八年（1689 年）签订尼布楚条约后，他更需要对自己统治的疆域有更清晰的了解。而且军事战争、治理河患都需要使用地图，如康熙十一年（1672 年），令人把黄河河道地图进呈以参考；康熙二十二年，又指出黄河图存在问题，令有关官员重新绘制。在查看地图的过程中，康熙皇帝发现各地呈上的地图“方舆地理，作者颇多，详略既疏，今昔互异”[4]，就是说呈上来的各种地图

[1] 赵尔巽 . 清史稿 : 卷 283[M]. 北京 : 中华书局 , 1976: 1668.

[2] 中国第一历史档案馆 . 乾隆朝上谕档 : 第 2 册 [A]. 北京 : 中国档案出版社 , 1998: 882.

[3] 圣祖仁皇帝实录 : 卷 290[C]// 清实录 . 北京 : 中华书局 , 1985.

[4] 圣祖仁皇帝实录 : 卷 126[C]// 清实录 . 北京 : 中华书局 , 1985.

体例不统一。特别是康熙二十五年（1686 年），下令编纂《大清一统志》后，要求各地的山川风物都画成图，亲自观览。从康熙二十五年至康熙二十八年的三年间，各地共进呈了 136 张 6 套 46 本地图。但是进呈的结果未令康熙皇帝满意，让他不禁感慨："各省舆图载入一统志，事殊重要。或一省有大图而无小图，或一省有里数程途而无疆界，或一省有疆界而无里数程途，各省皆不一例，何也？"[1] 这里可见康熙皇帝对传统地图的不满意：各省地图详略不同、有道路里程但是没有划定边界、有边界但是无具体道路里程，他希望能看到体例统一、细致准确的统一地图。

图 4.6　康熙皇帝像

传教士带来了新的地理知识和测绘方法，使得到全国统一地图的想法变得可能实现。但是新的测绘方法是否真的可靠，且比旧的方法好，康熙皇帝决定自己亲身学习与实践。康熙皇帝几次出巡，包括巡行多伦诺尔（1691 年），亲征噶尔丹（1696 年），巡行张家口、大同和宁夏（1697 年）以及江南等地（1699 年），张诚都随扈在侧，并向康熙皇帝讲授几何、测量等知识，同时也应康熙皇帝之命，随地实地测量。以康熙三十

[1] 圣祖仁皇帝御制文集：第二集：卷 4[M]// 景印文渊阁四库全书 . 台北：台湾商务印书馆 , 1986.

年（1691 年）张诚第三次陪同康熙皇帝出巡蒙古地区为例，张诚沿途为康熙皇帝讲解几何和其他科学知识。当出行到密云县附近的石匣镇时康熙皇帝询问张诚此地纬度较北京高多少。在古北口休息时，又询问利用星座测定北极高度的方法以及罗盘针角度偏差的问题（此前两天曾询问过关于北极星运动的问题）。张诚在此地利用马林公爵半球仪[1]测量正午太阳高度，他看出康熙皇帝对测量很有兴趣，于是把自己的测量仪器（图 4.7）进呈给康熙皇帝，康熙皇帝认为这些仪器很有价值，特意配备了新的支架，令人随身携带。张诚利用观测的正午太阳高度计算该地的北极高度，康熙皇帝对张诚的计算结果非常满意，而且很快就亲自实践从张诚那里学习到的几何和测量知识。在巡行队伍抵达多伦诺尔之后，张诚测定当地的北极高度："（我）按照命令去测定太阳子午线高度，以便测定北极高度，我发现是六十九度五十分"[2]。几天后，康熙皇帝亲自用半圆仪（图 4.8）从不同角度测量一个石峰，然后要求分别和张诚推算石峰的高度，他们的计算结果是吻合的。可见康熙皇帝已经开始考察西方的地理测量方法，以为利用西法进行全国测绘做准备。

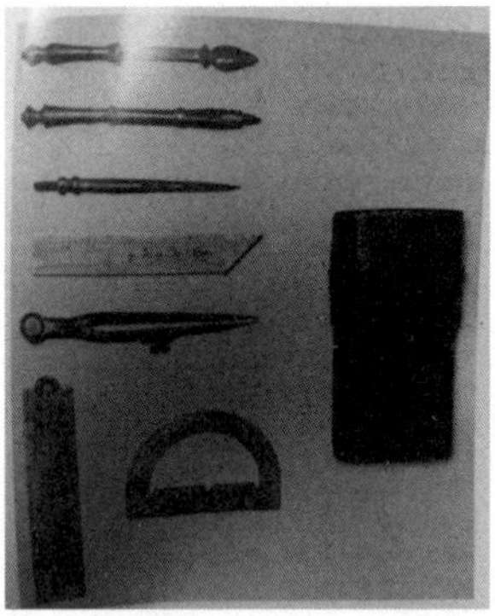

图 4.7　台北故宫博物院藏法国仪器制造家沙波托所制的西洋袖珍绘图仪器：鸭嘴笔、铅笔、针笔、折叠矩尺、两角规、比例尺以及半圆分角器

[1] 应为一种测量角度的仪器。

[2] 张诚．张诚日记 [M]// 清史资料：第 5 辑．北京：中华书局，1984：185.

图 4.8　北京故宫藏测量方位半圆仪

康熙三十五年（1696 年），出征噶尔丹途中，康熙皇帝给皇太子的谕旨说：

自独石口至喀伦，以绳量之有八百里，较向日行人所量之数日见短少。自京师至独石口为路甚近，约计不过四百二十三里。皇太子可试使一人绳量之，喀伦地方用仪器测验北极高度，比京师高五度。以此度之，里数乃一千二百五十里。[1]

在次年从宁夏回京途中，康熙皇帝亲自动手测量宁夏的北极高度，并判断宁夏与京师的相对位置：

朕至此以仪器测验北极，较京师低一度二十分，东西相去二千一百五十里。今安多以法推算，言日食九分四十六秒。日食之日晴明，测验之，食九分三十几秒，并未至昏暗见星。自宁夏视之，京师在正东而微北。[2]

因为康熙皇帝对于西法测量的热衷，他身边的臣子以及皇子对西学都有所接触。

[1] 圣祖仁皇帝御制文集：第二集：卷 24[M]// 景印文渊阁四库全书．台北：台湾商务印书馆，1986.

[2] 同上。

1708 年之前的测量尝试

通过向传教士学习，康熙皇帝应该已经对西方的测量方法和几何知识有了相当程度的了解，利用传教士带来的新方法进行全国测量想法应该已经酝酿成形，接下来康熙皇帝对传教士们的地图绘制水平开始进行考察——在小范围内测绘，并在此过程中确定衡量标准。

张诚作为五位来华的“国王的数学家”之一，被康熙皇帝留用在身边长达 20 年，并多次陪同康熙皇帝出巡。可以说，最后《皇舆全览图》的绘制与张诚长时间力图向康熙皇帝展示西方高超的测绘技术密切相关。1688—1698 年，张诚曾先后八次去往蒙古地区。1688—1689 年作为翻译前往尼布楚参与同俄国的谈判，另有六次都是作为康熙皇帝的扈从人员，在历次的旅途中，张诚对蒙古地区的人文地理有了相当全面的了解，他不断实测所到之处的北极高度并推算经度。张诚最后一次前往蒙古地区，也就是 1698 年与安多以及康熙皇帝派遣的三位官员对喀尔喀地区进行测绘。这次测绘的范围和行程见图 4.9[1]。测绘耗时 5 个月，测绘队伍在 1698 年 5 月离开北京，向东行进到喜峰口，测量了当地的太阳正午高度和北极高度。从此向北一直到呼伦贝尔湖，再向西一直到清朝与准噶尔发生战争的区域，然后折回并向南经呼和浩特和张家口回

[1] MARIO CAMS. Companions in Geography：Maps，Instruments and the Mapping of Qing China（c. 1685-1735）[D]. Belgium：KU Leuven，2015：77.

到北京。张诚和安多向康熙皇帝进呈了他们测绘的地形草图，令康熙皇帝很是满意。据安多记载，康熙皇帝马上有了任用传教士继续测绘东北地区的想法。

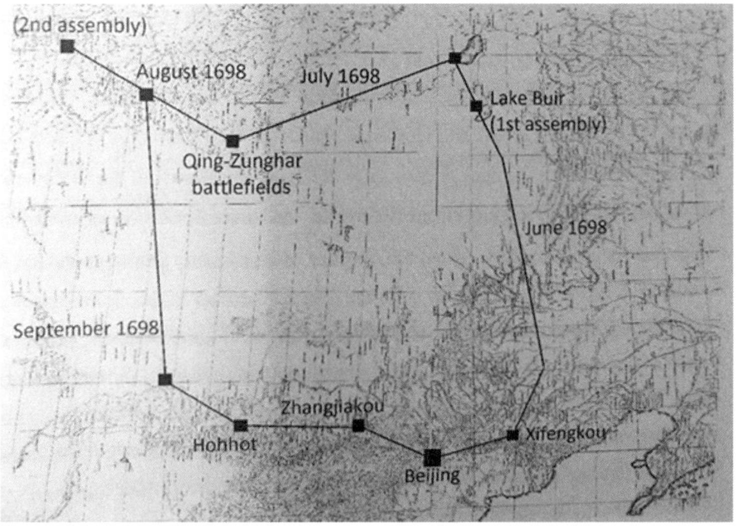

图 4.9　1698 年喀尔喀地区的测绘过程

在康熙四十一年（1702 年）南巡期间，康熙皇帝与随行的李光地等人讨论过天上一度（经度一度）与地上距离（大地弧长）对应标准的问题。根据李光地的记述[1]，康熙皇帝遣皇三子带人测量，结果为天上一度对应地下二百里。此与前述“二百五十里差一寸”之说不同，对此他们展开讨论，认为此差异是因“古尺”与当时通用营造尺的长度不同导致，并且推得明初营造尺即古尺的结论。值得注意的是，明清通用的营造尺约为 32 厘米，明代所用天文尺沿袭隋唐旧制，约为 24.5 厘米[2]，按照此时康熙皇帝与李光地的古尺八分计算，古尺应为 25.6 厘米，与 24.5 厘米的数值稍有差异。另外，康熙皇帝认为此次南巡测量，既稍知测算方法，同时又考求得“明尺即古尺”，进而引申并认为三角形

[1] 李光地 . 榕村续语录 : 榕村语录 [M]. 陈祖武 , 点校 . 北京：中华书局，1995.

[2] 伊世同 . 量天尺考 [J]. 文物，1987（2）：10–17.

测量之法为中国古已有之，即此学或源自中原。此后，这一测量结果被反复提及，后成为康熙大地测量的测算标准，以及编制《历象考成》《数理精蕴》等官方历算书籍的基本测算依据。

张诚在康熙四十四年（1705年）的一封信[1]中写道：

在北京东西两侧数法里之处，流淌着两条河，它们既不深也不宽，但在河水泛滥时，仍会造成巨大的伤害。……皇帝派耶稣会士实地绘制两河之间的精确地图，以便他能随时看着地图，考虑如何重建此地被冲毁的一切，确定在何处修筑新堤，在何处开挖引水沟渠。皇帝命令安多、白晋、雷孝思和巴多明诸位神父绘制这一平面图。皇帝陛下向他们提供了完成这项工作所需要的一切物品，并命令两位官员督办。令其寻访精明强干的土地测量员、绘图员和熟络当地地理风貌的人……这张平面图在70天之内就绘制完毕，它可与我们在欧洲所能看到的最大的地图相媲美。……他们首次不是依寻常百姓之见，而是遵循最严格的几何规则绘制出帝国首都的地图……这张地图还包括1700座城镇和城堡，这还不算众多小村庄和遍布四方的无数农舍……

上文中的两条河应该为永定河与潮白河。康熙皇帝命令安多、白晋、雷孝思和巴多明等人绘制了北京附近地区的地图，以便他来研究如何治理河患。康熙皇帝还为他们提供充分的物质支持，派官员协助。这可以看作是后来全国范围大地测量的小型预演。张诚强调所绘制的地图是“遵循最严格的几何规则”绘出，可见这是一张完全依照欧洲的标准绘制出的地图，这次测绘的经过也令康熙皇帝非常满意。

在一次次地用西法小范围的测量尝试中，逐渐修正和统一了度量的

[1] 这封信的收件人不详。信的内容引自：伊夫斯·德·托玛斯·德·博西耶西耶尔夫人．耶稣会士张诚路易十四派往中国的五位数学家之一[M]．郑州：大象出版社，2009：122-124.

标准。张诚和安多在对喀尔喀地区进行测量之后，向康熙皇帝报告他们自己的观测，发现地理经度的 1 度相当于 200 里（1 里 =500 米），而不是原来所谓的 250 里。康熙皇帝感慨通过精确的观测，地理经度 1 度对应多少里数，1 里对应多少尺（1 尺≈ 0.33 米）就清晰明了了[1]。直到 1702 年，康熙皇帝规定标准尺的长度，即 1 里等于 1800 尺。在后面进行大地测量时，由于用绳来测量里程，又规定了 1 里为 10 绳，1 绳为 18 丈，1 丈为 10 标准尺。

康熙皇帝自己在《皇舆全览图》绘成之后，曾对蒋廷锡等群臣提到："朕费三十余年心力，始得告成。山脉水道，俱与禹贡合。尔以此与九卿详阅，如有不合处，九卿有知者，举出奏明。"[2] 可见，康熙大地测量和《皇舆全览图》的绘制是康熙皇帝经过多年的酝酿和准备才得以完成的。

《皇舆全览图》的绘制过程

法国耶稣会士在华的科学考察活动，可分为三个阶段[3]。第一阶段以 1688 年洪若翰等五位"国王的数学家"来华为标志。他们来华后使得康熙皇帝对西方的历算和地图测绘有了更进一步的了解。第二阶段，

[1] 明清时期营造尺的 1 尺长度约为 32 厘米，1 里约为 576 米（光绪年测）。

[2] 赵尔巽 . 清史稿：卷 283[M]. 北京 : 中华书局 , 1976: 1668.

[3] 韩琦 . 中国科学技术的西传及其影响（1582—1793）[M]. 石家庄：河北人民出版社，1999.

为白晋（Joachim Bouvet，1656—1730）第二次返回欧洲，于1700年左右带来了包括雷孝思（Regis）、巴多明（Dominique Parrenin）、杜德美（Jartoux）在内的一批传教士，其中雷孝思、杜德美以及费隐（Xavier-Ehrenbert Fridelli，1673—1743）对于《皇舆全览图》绘制具有极大的贡献。

正式的全国测量工作开始于康熙四十七年（1708年）。康熙四十七年四月十六日（6月4日），命法国人白晋、雷孝思、杜德美和日耳曼人费隐由北京出发，从长城起测，然后沿路向西测量。两个月后，白晋因病返回，其他人次年一月结束测绘，回到北京。

康熙皇帝对长城附近的测绘结果很是满意。于是康熙四十八年（1709年）五月十八日，康熙皇帝让雷孝思、杜德美和费隐等人开始测量东北地区。以辽东为起点，向东南测到朝鲜边境，向东北测到松花江东，还包括部分蒙古地区。

康熙四十八年（1709年）底，雷孝思三人结束对东北地区的测绘，开始对直隶地区进行测绘，于第二年六月完成。

康熙四十九年（1710年）七月，康熙皇帝命再次进入黑龙江地区进行测绘。对当时新建的边镇墨尔根（今嫩江市）和齐齐哈尔两地进行重点测绘，于十二月完成测绘工作。但是图送到北京后，康熙皇帝认为鸭绿江、图们江的测绘并不详细，康熙五十年（1711年）派遣乌拉总管穆克登再次测绘。在这里要指出，在传教士从齐齐哈尔返回时，雷孝思和杜德美发现在北纬47°到北纬41°之间每度的距离并不相等，不论他们如何矫正测量的仪器，都有30″的差距，“至此，传教士们认为每度经线长度肯定是不等的，尽管几何学家还没有发现这一现象，仅有一些设想地球是扁球体的人做过推测”[1]。对于地球的性状，当时欧洲的科学界也对此有争论[2]，尽管传教士的测量并没有成为“地球为扁球体”的证据，但却是证明“地球为扁球体”的最早的实际测量[3]。传教士们认为他们时间紧迫，不能做更多的精确测量，还是把地球当作正圆球来看待。

大地测量开始的前三年，进展还是比较缓慢的，此时不论康熙皇帝还是传教士都是仔细谨慎的。在测绘完东北地区后，康熙皇帝提到：

天上度数，俱与地之宽大吻合。以周时之尺算之，天上一度，即有地下二百五十里。以今时之尺算之，天上一度，即有地下二百里。自古以来，绘舆图者，俱不依照天上之度数，以推地理之远近，故差误者多。朕前特遣能算善画之人，将东北一带山川地理，俱照天上度数推算，详加绘图视之。[4]

可见至东北地区的地图绘制完毕，康熙皇帝对于这次测绘变得很有自信，原因之一是此次测绘修正了古时天上 1 度对应地上 250 里的说法，测量时规定天上 1 度对应地上 200 里。

康熙五十年（1711 年），康熙皇帝决定加快测绘进度，加派麦大成（Jean Francisco Cavdoso，1676—1723）加入测绘，兵分两路[5]。一队前往山东，由雷孝思、麦大成领衔，于当年绘成山东省图。另一队出长

[1] 杜赫德．测绘中国地图纪事 [M]// 谭其骧，侯仁之，史念海．历史地理：第二辑．上海：上海人民出版社，1982: 212.

[2] 卡西尼根据自己的观测认为地球是两极狭长的椭球，而根据牛顿的万有引力理论，地球应该是两极略扁，越靠近赤道越膨胀的扁球。1735 年，由法兰西科学院派出测量队前往赤道附近的秘鲁进行测量，但是直到十年后科考队才测量归来。具体研究见：LARRIE D. FERREIRO. Measure of the Earth[M]. New York：Perseus Books Group, 2011.

[3] 葛剑雄．中国古代的地图测绘 [M]．北京：商务印书馆，1998：136-137.

[4] 圣祖仁皇帝实录：卷 246[C]// 清实录．北京：中华书局，1985.

[5] 杜德美因身体不好，暂时退出测绘，之后回到北京在蒙养斋教授代数和几何。

城向西测量喀尔喀蒙古地区，一直到新疆哈密地区，由杜德美、费隐和法国人山遥瞻（Guillaume Bonjour Fabre，1670—1714）领衔，预期第二年完成，然后继续测绘甘肃、山西、陕西回到北京。第一队于康熙五十一年（1712 年）一月完成测绘时，第二队还没有完成。康熙皇帝继续加派传教士山遥瞻、汤尚贤（Pierre Vincent de Tartre，1669—1723）、冯秉正和德玛诺（Romain Hinderer，1668–1744）加入测绘队伍。麦大成前往山西与汤尚贤完成山西、陕西两省测绘。（图 4.10）

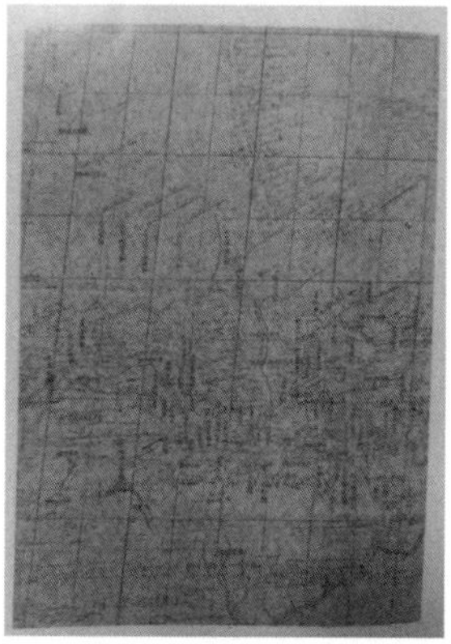

图 4.10　法国图书馆藏山遥瞻测绘的《和套图》局部，由杜德美整理

康熙五十一年（1712 年），冯秉正和德玛诺与雷孝思会合对河南进行测绘。康熙五十二年（1713 年）五月江南、河南地图测绘完毕。然后又向南测绘江南、浙江，康熙五十二年十二月初六，浙江地图测绘完毕。而后又继续前往福建以及台湾诸岛进行测绘[1]。

康熙五十二年，汤尚贤、麦大成测绘了江西、广东及广西三省，年底江西地图测绘完毕。然后费隐和山遥瞻去往四川，康熙五十三年（1714 年）六月，四川地图测绘完毕。然后二人去云南测绘。山遥瞻因为适应不了云南的恶劣天气病逝，与此同时费隐也身患重病。康熙五十四年

[1] 方豪对台湾的测绘情况进行了细致考察，见：方豪．康熙五十三年测绘台湾地图考 [J]. 文献专刊，1949，1（1）：28–53.

（1715 年）雷孝思去云南与康复的费隐会合，同年六月云南测绘完毕。然后二人转向测绘贵州和湖广两省。至康熙五十六年（1717 年）一月，除新疆及西藏部分外，测量工作全部完成。杜德美把测绘的各省地图汇编成全国总图，即为《皇舆全览图》，见图 4.11[1]。

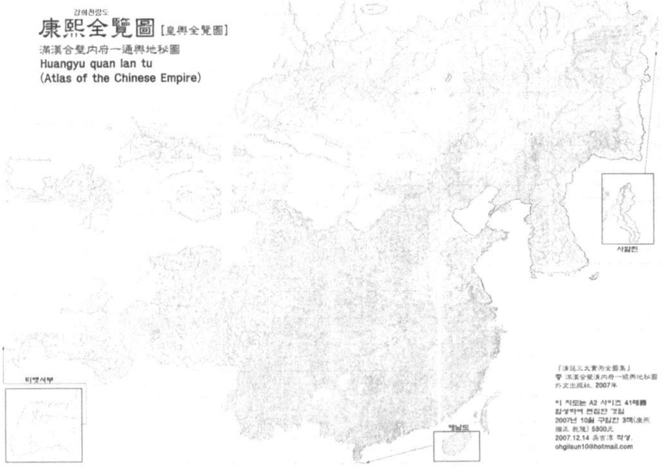

图 4.11 《皇舆全览图》(《满汉合璧清内府一统舆地秘图》

《皇舆全览图》所采用的投影方法为桑逊投影法[2]。关于《皇舆全览图》的版本，根据福克司（Walter Fuchs，1902—1979）的研究，共有三个版本[3]。第一个版本，是康熙五十六年（1717 年）木版《皇舆全览图》，由 28 幅省图以及朝鲜地图和部分西藏、蒙古地图构成。第二

[1] https://baike.baidu.com/item/%E7%9A%87%E8%88%86%E5%85%A8%E8%A7%88%E5%9B%BE.

[2] 汪前进对《皇舆全览图》所用的投影进行过深入研究，见：汪前进．康熙铜版《皇舆全览图》投影种类新探 [J]. 自然科学史研究，1991（02）：186–194. 另陆俊巍、韩昭庆等利用回归分析方法发现《皇舆全览图》使用的投影方式为桑逊投影法，见：陆俊巍，韩昭庆，诸玄麟，等．康熙《皇舆全览图》投影种类的统计分析 [J]. 测绘科学，2011（06）：16–18，27.

[3] 福克司．康熙时代耶稣会教士所绘之中国地图 [J]. 顾华，译．中德学志．1941，3（3）：433–441.

个版本，是康熙五十八年（1719 年）绘制的铜版《皇舆全览图》，此图由 41 幅分图构成。第三个版本是康熙六十年（1721 年）制作的木版地图。其中第一个版本缺少西藏全图和蒙古以西的地图，其朝鲜部分的地图则是据朝鲜王宫所藏地图，由传教士校正的。马国贤（Matteo Ripa，1682—1745）的回忆录记载[1]，高丽（朝鲜）王国以及西藏是由中国人测量的，因为当时的高丽不愿让欧洲人进入，但是即使是中国的官员也不能说出自己的目的是测绘，测量的官员为了避忌高丽人的看管，在测定北极高度的时候，假装测量正午太阳高度的仪器是日晷，但是地理经度就没有办法真正丈量了，只能根据时间来确定距离。第二个版本的《皇舆全览图》中西藏、蒙古部分的内容被详细地绘制。西藏地区，出于政治考虑，传教士并不被允许去往西藏。康熙皇帝以礼佛的名义，派出了两个由传教士训练的喇嘛负责测量，他们再把结果反馈给传教士。另外，琉球也应是康熙五十八年派遣中国官员测绘的。至于第三个木版《皇舆全览图》，是第一个木版本的复版，但是其西藏部分的地图由原来的 3 幅增加为 7 幅，增加的内容除了西藏的部分地区还有新疆地区。以上版本的《皇舆全览图》皆标注经纬线，并且南北用红黄二线横贯。冯宝琳对《皇舆全览图》现存的几个版本进行过考察[2]。

康熙亲自督导这次测绘工作，测绘的队伍中传教士只负责测绘，随行的中国官员和各地方督抚提供一切便利：

谕传教西士分赴蒙古各部、中国各省，遍览山水城郭。用西洋量法，绘画地图。并谕部臣，选派干员，随往照料。并咨各省督抚将军，札行

[1] 马国贤．清廷十三年：马国贤在华回忆录 [M]. 上海：上海古籍出版社，2004：57.

[2] 冯宝琳．康熙《皇舆全览图》的测绘考略 [J]. 故宫博物院院刊，1985（01）：23-31.

各地方官，供应一切需要。[1]

而且康熙皇帝随时关心测绘的路线与进程，做到统筹全局。要求各地方官员对测量的进展随时奏报，地方督抚做好组织本地测绘活动，保证测绘工作进展顺利。据参与测量的传教士记载：

他（康熙帝）视此为对国家至关紧要的事业，将不惜一切代价使之成功。……皇上即诏令大臣选派官员督办，使他们（指传教士）能对所经地区的主要地点确定正确的地名，并使各地方官员率百姓在其所辖地区边境进行照料，同时提供测绘所需的各项资助。一切都以惊人的精确性按时进行，足证圣旨在全国都得到遵奉。[2]

雍正皇帝即位后，继续任用雷孝思、杜德美等参与康熙大地测量的传教士，在《皇舆全览图》的基础上，补充外国部分的资料制成新图，图上八度为一排，由北向南分成十排，故名为《雍正十排图》。至于乾隆年间，于乾隆十五年（1750 年）重新测绘了西藏地图。后借发动针对准噶尔和新疆塔里木盆地战争的机会，分别于乾隆二十一年（1756 年）、二十四年（1759 年）派遣何国宗、明安图等中国人与西洋人入疆测量[3]，而后于乾隆三十七年（1772 年）又再次测绘，三次共实测 43 个地点的经纬度[4]。乾隆朝新绘制的《乾隆十三排图》是在康熙朝《皇舆全览图》的基础上又收入了新疆西藏部分的地图。

[1] 黄伯禄．正教奉褒 [M]. 排印本．上海：慈母堂，1908: 128.

[2] 杜赫德．测绘中国地图纪事 [M]// 谭其骧，侯仁之，史念海．历史地理：第二辑．上海：上海人民出版社，1982: 212.

[3] 两次测绘的时间以及参与人员还存在分歧。靳煜梳理前人研究成果，并利用汉满文资料进行考察后，认为这两次测量的时间为乾隆二十一年和二十四年，具体研究见：靳煜．清乾隆年间西域测绘再考察 [J]. 历史地理，2014（2）：249–266.

[4] 靳煜．乾隆年间三次西域测绘再分析 [J]. 西域研究，2016（1）：27–34.

为“制图”进行的经纬度测量

根据法国人杜赫德（Jean-Baptiste Du Halde，1674—1743）的《中华帝国全志》记载，康熙大地测量期间，传教士们通过实际测量来确定地理纬度，即用三角测量法来测得经纬度。传教士们测量所使用的仪器应为先进的西式天文仪器，其部分为传教士自己携带而来或令传教士置办的[1]：早在南怀仁在华时就曾涉及制造过六台西式天文仪器，洪若翰等五位“国王的数学家”来华带来了巴黎名匠所制的新式天文仪器，深得康熙皇帝喜爱。据张诚记载，他曾与康熙皇帝一起使用梅纳公爵所赠半圆仪[2]进行测量。康熙年间宫廷里典藏了许多包括天文仪器、数理仪器和绘图仪器在内的法国制造的科学仪器。[3]还有一部分天文仪器为造办处自己制造的。据载：“近（康熙五十二年）差官员人等用御制新仪测量各省及口外北极高低、地经纬度数，精详更胜旧图。”[4]这里说的“御制新仪器”应就是为了测绘蒙古地区而制造的仪器。

关于这次测量具体测量了哪些地点的经纬度，曾有学者认为是641

---

[1] 刘宝建．康熙朝大地测量用仪器说略 [J]. 中国国家天文，2012（增刊）：62-67.

[2] 应为一种测量角度的仪器。

[3] 冯锦荣．17、18 世纪法国科学仪器制造家与康熙年间天文大地测量：以皮尔卡、拉伊尔、罗默、巴特菲尔德、沙波托父子及比翁所制仪器为中心 [J]. 中国国家天文，2012（增刊）：82-113.

[4] 圣祖仁皇帝实录：卷 254[M]// 清实录．北京：中华书局，1985.

处，这主要是根据杜赫德的《中华帝国全志》第四部分给出的经纬度表中开列了 641 个地点的经纬度值而得到的结论。笔者从杜赫德书中整理出京师和各省府的数值，以便与历法推算所用的各省省府数据进行比较。相关数据比较内容合并在第三章。

关于纬度的测量，主要是通过测定正午太阳高度以及北极附近恒星的位置来确定的，这与明末崇祯改历以及同时代的历法改革中测量经纬度的方法基本相同，只是在具体计算上有所改进，比如蒙气差以及黄赤距度的值。

关于经度的测量，主要是通过三角测量法，而不是通过天文观测的方法。经度测量并不如纬度测量容易，因为地理经度与时间有关，当时欧洲最主流、最精确的测量经度的方法是通过测量天体的位置来确定经度——观测木星卫星相对位置以及蚀来确定经度，而且当时传教士手中已经有欧洲最新的木星星历表，他们中的一些人也进行过通过观测木星卫星位置确定经纬度：洪若翰来华途中观测过，后来的宋君荣（Antvine Gaubil，1689—1759）用观测木星卫星的方法确定过洛阳、开封两地的经纬度[1]，乾隆时期戴进贤（Ignatius Kgler，1680—1746）、刘松龄（Augustin Ferdinand von Hallerstein，1703—1774）通过木星卫星的观测确定过北京的经度。但是在康熙大地测量期间并没有采用观测木星卫星的方法，而是采用了三角测量法。对此雷孝思的解释是：

由于所测城市相距很近，用天文观测法实际上几乎无法进行。由于钟摆运动不均或对木星卫星掩始时间观察不够精确这样最小的误差，都会使经度测定的结果形成相当大的错误。……没有什么要比使时间避免误差更难得了，最好的钟摆在旅途中也会失灵，即使在一分钟之内也难

[1] 翁文灏．清初测绘地图考 [J]. 地学杂志，1930（3）：425.

免会出差错。而且观测须反复进行多日，令人困顿不堪。……观测卫星不仅需较多的时间与较高的精度，而且需有口径相同的望远镜，如果可以这样说的话，还需要观测者和他的助手具有相同的眼力以保持一致。[1]

在这里，雷孝思提出三个大地测量不使用观测木星卫星的相对位置来确定经度的原因。①因为测量的地点多而且彼此距离近，一个地点观测上的误差就会导致地图上较大的位置误差。②需要进行多次反复观测，但是他们需要尽快完成测绘工作——康熙皇帝时刻关注、热切期待他们的成果。③对观测仪器的需求以及观测者目力相同。就以上的考虑，最终传教士选择了三角测量法来测量经度，即先实测一些地点，然后根据三角测量法确定其他地方的经度（图 4.12）。

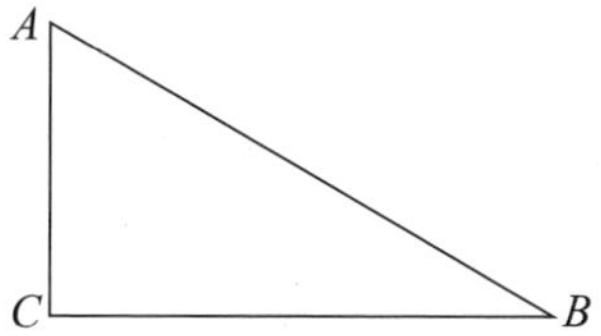

图 4.12　三角测量法示意图

根据三角测量法确定其他地方的经度。三角测量法简单来说，如图 4.12 所示，A 和 B 为两地点，AB 为他们之间的道路，AC 为南北直线，利用测角仪器可测出 $\angle CAB$，则 AC、BC 可求。A 地与 B 地之间的相对东西南北距离可换算成经纬度。所以翁文灏说：“天文测量，虽因方法日精，多需改定，而当时地图所示之各地点相互的位置，则实比较准确，不愧为中国地理之基础工作。”[2]

用三角测量法还有另一个好处，就是：

持续进行三角法测量，还有其有利之处，这不仅可以测出一地的经度，而且还可以得到该地的纬度，此后可以通过测定太阳或北极星在子

[1] 葛剑雄 . 中国古代的地图测绘 [M]. 北京：商务印书馆，1998：209.

[2] 翁文灏 . 清初测绘地图考 [J]. 地学杂志，1930（3）：418.

午圈的高度加以校正。[1]

地理纬度可以一边测量一边直接进行检验。而地理经度则可通过一些天象来验证：

我们亲自进行了一些月蚀观测，但除了在有疑问时通常取其平均差距以外并未发现与他们的观测结果有什么不同之处。[2]

据翁文灏研究，在康熙大地测量期间进行的月食观测：雷孝思等人于 1708 年在凉州、1711 年在诸城，巴多明于 1711 年在热河都进行了月食观测。

关于康熙大地测量中的原始材料和测量数据国内并没有保存下来。但是在测绘的过程中，传教士曾把绘成的各省地图除了递交康熙皇帝还复制下来陆续传回欧洲[3]。杜赫德根据传教士所传回的资料，于 1735 年出版了《中华帝国全志》(以下称《全志》)一书。里面附有 1 幅全图、15 幅各省省图、12 幅鞑靼地图、9 幅西藏地图、1 幅朝鲜地图，还有一些城市地图。这些地图是杜赫德聘请当时著名的地图绘制家唐维尔(J.B.Bourguigron d'Anville，1697–1782)绘制，是根据传教士传回的地图资料，又参考了张诚日记以及他传回的地图绘制出来的。据 Cams 考察，在《全志》中的地图中，15 幅省图应是参考了杜德美 1718 年传回的第一版木版《皇舆全览图》的省图，12 幅鞑靼地图是唐维尔参考了 1719 年费隐传回的第一版铜版《皇舆全览图》的内容，朝鲜地图和西藏地图则是参考了雷孝思分别于 1728 年和 1726 年传回的地图[4]。图

[1] 杜赫德．测绘中国地图纪事 [M]// 谭其骧，侯仁之，史念海．历史地理：第二辑．上海：上海人民出版社，1982: 206–212.

[2] 同上。

[3] 这些传教士传回的地图现在多保存在巴黎国家档案馆。

[4] MARIO CAMS. The China Maps of Jean–Baptiste Bourguignon d'Anville: Origins and Supporting Networks[J]. The International Journal for the History of Cartography，2014，66 (1)：51–69.

4.13[1] 为木版《皇舆全览图》中的湖广地图，图 4.14[2] 为唐维尔绘制的湖广地图。图 4.15[3] 为唐维尔在 1734 年绘制的《中华鞑靼及西藏全图》。在 1935 年版《全志》的序言中，杜赫德介绍这些地图：

为了对这些地图进行编辑加工，使之达到付印要求，我将目光投向国王的普通地理学家当维尔先生，他以制图清晰和精确而闻名于世。他不但完成了分省地图，还完成了总图，即使不看分省地图，也能从他制作的总图上看到传教士们为这部地理巨著提供的细节和精确度。他研读了张诚神甫关于鞑靼的记述，将另外几张鞑靼地图合并之后，才开始制作鞑靼总图，为了不让总图留下空白，他还将整个日本和某些更偏北的地方填入图中。”[4]

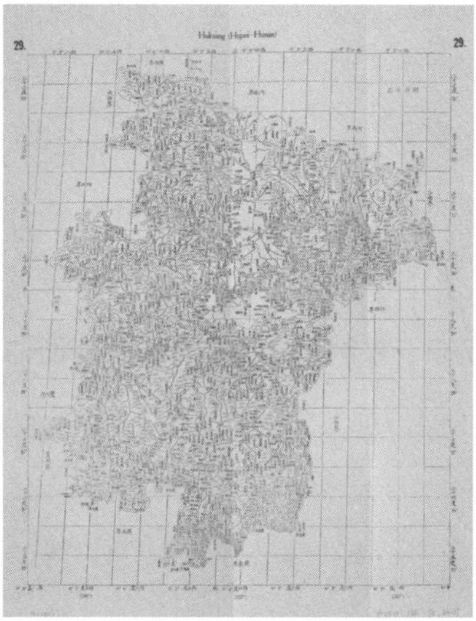

图 4.13 《皇舆全览图》湖广地图

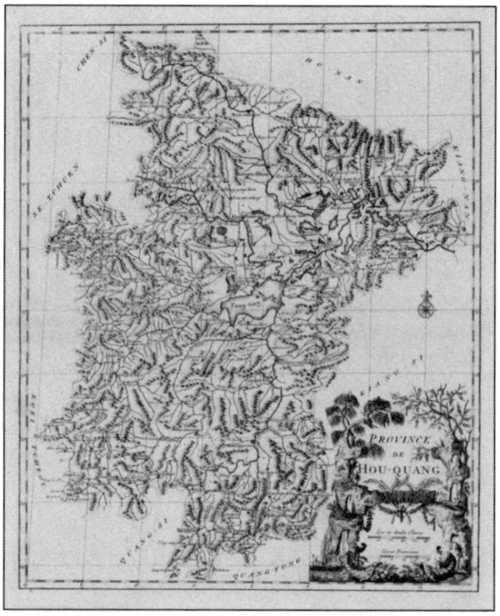

图 4.14 唐维尔所绘湖广省图

[1] 汪前进，刘若芳．清廷三大实测全图集 [M]. 北京：外文出版社，2007.

[2] https://www.raremaps.com/gallery/detail/0156gh/province-de-hou-quang-danville.

[3] https://www.raremaps.com/gallery/detail/43474/carte-la-plus-generale-et-qui-comprend-la-chine-l-dezauche-danville.

[4] 蓝莉．请中国作证：杜赫德的《中华帝国全志》[M]. 北京：商务印书馆，2015：133.

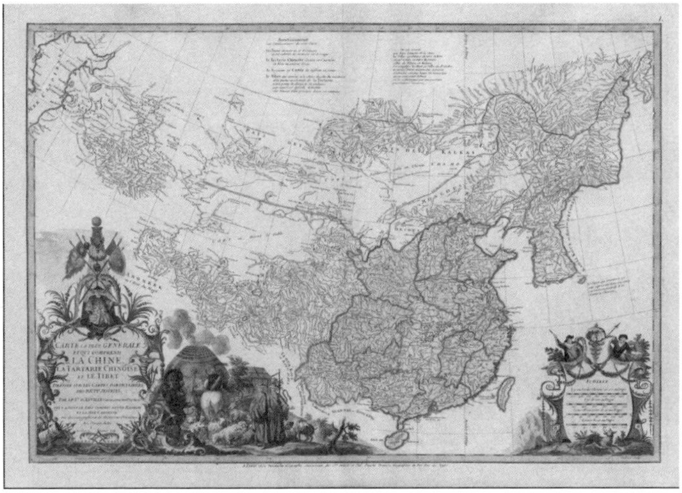

图 4.15　唐维尔在 1734 年绘制的《中华鞑靼及西藏全图》

《全志》中附有一份经纬度表（图 4.16、图 4.17 所示为书中北直隶和江南省的各地的经纬度）。其中包括 641 个地点的经纬度数值。这些经纬度数值的精度可以看成康熙大地测量实测和推算经纬度数值的精度[1]。

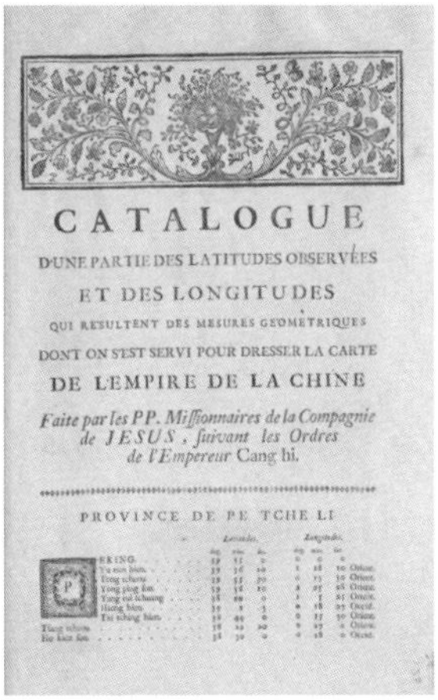
CATALOGUE
D'UNE PARTIE DES LATITUDES OBSERVÉES
ET DES LONGITUDES
QUI RESULTENT DES MESURES GEOMETRIQUES
DONT ON S'EST SERVI POUR DRESSER LA CARTE
DE L'EMPIRE DE LA CHINE
Faite par les PP. Missionnaires de la Compagnie de JESUS, suivant les Ordres de l'Empereur Cang hi.

PROVINCE DE PE TCHE LI

图 4.16 《中华帝国全志》北直隶经纬度表

[1] 本书分析了《揣龠小录》中的经纬度数据。《揣龠小录》中的经度数据是张作楠直接从《皇舆全览图》上测量出来的。二者相互比较，互为参考。

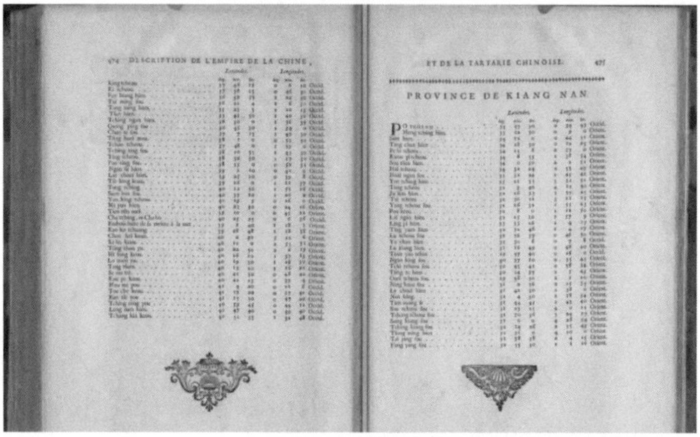
DESCRIPTION DE L'EMPIRE DE LA CHINE,

ET DE LA TARTARIE CHINOISE.

PROVINCE DE KIANG NAN

图 4.17 《中华帝国全志》所附江南省经纬度表

清代嘉庆年间，张作楠（1772—1850）所著《揣籥小录》中，也曾给出一份包含 1741 个地点的经纬度表（图 4.18）。据该书的序言说：

康熙庚寅辛卯间，命台官分测各省及外藩之北极高度（一名定纬），东西偏度（一名经度），量画舆图经纬井然……近齐梅麓撰北极高度表以备测时之用……兹谨遵全图按其经纬先列府县高度若干度分秒，次列东西偏度若干度分秒，定纬依齐表所列增入各州县度数，经度则以京师为中线，直东行 250 里为偏东 1 度[1]……于月食迟早取之各州县经纬，俱以城中为准，若墟落稍远则按里通之。……庶几恒星之隐现，朦景之多少，昼夜之永短，节气之早晚，七曜之出没，交食之深浅先后，皆可推测而知。[2]

[1] 张作楠对此解释，东行 250 里偏东 1 度，250 里是据“横黍尺”测量的，而用“纵黍尺”测量则为 200 里。这里“横黍尺”和“纵黍尺”应为两种基本测量标准尺，“纵黍尺”应是康熙皇帝规定的工部营造尺。

[2] 张作楠 . 揣籥小录 [M]. 刻本 . 1820(清嘉庆 25 年).

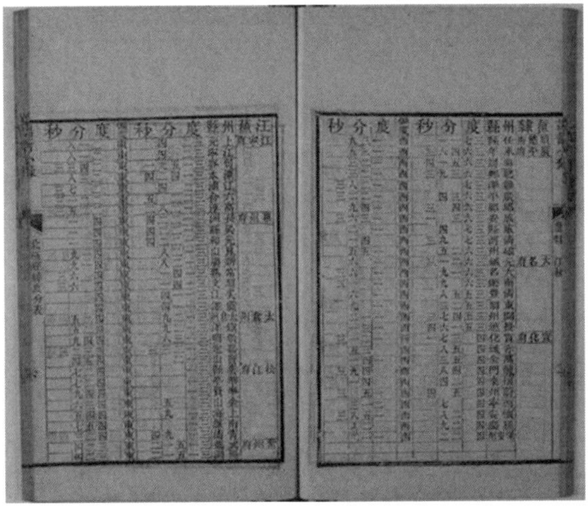

图 4.18 《揣籥小录》经纬度表

上文提及的“康熙庚寅辛卯间”（1710 年和 1711 年），也就是说康熙大地测量期间。《揣籥小录》经纬度表中的纬度数据依据齐梅麓[1]的北极高度表，经度则是据《皇舆全览图》测量出来的。《全志》和《揣籥小录》中的京师和各省府经度值见表 4.1。《揣籥小录》给出了 1714 地点的北极高度（纬度）以及相对京师的东西偏度（经度）[2]，远远超过《全志》列出的 641 个点。为了便于和明末测量的经度数据比较，这里只选择比较了首都和各省府的经度。

二者与现代值的绝对平均误差分别为 0.12° 和 0.13° 。康熙大地测量测得的经纬度值跟现代经纬度值的误差在广州最大，约为 0.4° 。康熙大地测量所测地理经度的精度，比明末崇祯改历中的数据精确程度大大提高[3]。

[1] 齐彦槐（1774–1841），清代安徽婺源人，字梦树，又字荫山，号梅麓，杰出的天文学家、农业水利专家和文学家，在天文方面著有《天球浅说》《北极经纬度分表》《中星仪说》，曾制造过斜晷、中星仪以及天球仪等天文仪器。

[2] 杨彬镛 . 张作楠与《揣籥小录》[J]. 浙江测绘，1991（3）：46.

[3] 明末改历的经纬度数据见第三章第三节。

表 4.1 《中华帝国全志》与《揣龠小录》经度分析

地点	《全志》的数据	《揣龠小录》数据	现代经纬度数值	《全志》数据误差	《揣龠小录》数据误差
南京应天府	2.3094	2.3139	2.22	–0.0894	–0.0939
福建福州府	3	3	2.94	–0.06	–0.06
山东济南府	0.65	0.6833	0.76	0.11	0.0767
山西太原府	–3.9175	–3.9417	–3.91	0.0075	0.0317
湖广武昌府	–2.25	–2.25	–2.07	0.18	0.18
河南开封府	–1.925	–1.925	–2.03	–0.105	–0.105
陕西西安府	–7.575	–7.575	–7.67	–0.095	–0.095
广西桂林府	–6.2389	–6	–6.07	0.1689	–0.07
浙江杭州府	3.6511	3.6583	3.86	0.2089	0.2017
江西南昌府	–0.6119	–0.6167	–0.69	–0.0781	–0.0733
广东广州府	–3.5247	–3.5083	–3.1	0.4247	0.4083
四川成都府	–12.3	–12.2667	–12.2	0.1	0.0667
贵州贵阳府	–9.8722	–9.8667	–9.82	0.0522	0.0467
云南云南府	–13.6139	–13.6333	–13.82	–0.2061	–0.1867
绝对平均误差				0.1347	0.121121

第五章 “制图”与“制历”的关系

康熙末年两项由国家主导的重要科学活动——大规模的地理测量和历法改革，这二者是对新传入的西方天文学和地理知识的一次整合与应用，最终的结果是绘制出《皇舆全览图》以及编纂出《历象考成》。虽然前人对于康熙年间的历法改革和大地测量研究已经相当深入，但大多是将二者单独进行考察。本章把为天文推算和地理测绘两种目的而进行的经纬度测量活动，放到同一个时间轴下进行横向的比较分析，特别是对测量的人员进行考察，以期从一个新的视角来对康熙末年两个科学活动“制图”和“制历”的关系进行探讨。

数据反映的天文测量与地理测量之“脱节”

清初大地测量自 1708 年开始，历时 10 年完成。而历法改革是从

1711 年开始，至《历象考成》编纂完成时结束。据前文的分析，历法推算需要的经纬度数据也一并更新。那以天文目的进行的经纬度测量与以绘制地图为目的的大地测量之间的关系如何呢?

前文已经比较了《崇祯历书》与《历象考成》中相关的经纬度数据，清初改历时的经纬度测量较明末崇祯改历时更加精确，如果把大地测量的经纬度数据也纳入其中呢? 表 5.1 中，笔者把从明末改历到清初的大地测量和历法改革相关的经度数据反映的误差放到一起来比较。徐光启的五次月食预报反映的经度可看作崇祯改历时从图上测量而来，而《历象考成》中的有关数据，为传教士所掌握的各地的地理经度数据。《历象考成》和《历象考成后编》二者使用的是同一套经纬度数据。

表 5.1　经度误差对比

数据来源	时间（年）	绝对平均误差（度）
徐光启奏疏（最好）	1631	1.34
徐光启奏疏（最坏）	1632	2.45
《交食历指》	1632	1.54
《明史・天文志》	1734/1632	1.52
康熙大地测量	1708–1717	0.14
《历象考成》和《历象考成后编》	1722	0.45

根据表 5.1，可看出明清之际经度的测量精度越来越高，在康熙大地测量的时候达到了前所未有的精确。这里《历象考成》中相关的经度数据的误差低于大地测量的经度误差，高于明末崇祯改历时的经度测量误差。就是说，地理经度的测量在以修正历法为目的与以绘制地图为目的的测量之间存在“脱节”。

这里，首先徐光启奏疏中给出的是各地的月食初亏时刻，需要反推加时，再由加时换算成相对于京师的经度差。《交食历指》给出的数据形式是“各地加时早晚”——加时时刻表，而《历象考成》中则是直接给出了各地的“东西偏度”——相对于京师的经度差。所以，从历法中给出的数据形式，是从直观观测逐渐到理论本质的过程。

考察完地理经度的情况，再来看纬度测量。表 5.2 所列为《历象考成》、杜赫德书、《交食历指》所记的纬度数据与现代纬度值的比较。根据表 5.2，明末崇祯改历时传教士对纬度测量的精度约为半度，远低于《历象考成》中纬度数据的精度。《历象考成》的纬度数据和康熙大地测量时测得的纬度基本相当，误差约为 1.6′，与现代的经纬度值相当接近[1]。所以改历时测量的纬度数据与大地测量的纬度数据并不像经度测量一样存在“脱节”。纬度测量之所以如此准确，除了本身测量比较容易外，另一点就是康熙皇帝非常重视对北极高度的测量。康熙五十三年（1714 年）他曾对皇三子允祉等人提到：

北极高度、黄赤距度，于历法最为紧要。著于澹宁居后每日测量寻奏、测得畅春园北极、高三十九度五十九分三十秒比京城观象台高四分三十秒。黄赤距度、比京城高二十三度二十九分三十秒。报闻。[2]

可能基于康熙皇帝对测量的关切，皇三子允祉同年上奏请求派更多的人去往各省测量。

表 5.2　纬度数据比较

地点	《历象考成》	杜赫德书	《交食历指》	现代纬度值
北京	39°　55′	39°　55′	40°	39°　55′
山西	37°　53′　30″	37°　53′　30″	38°	37°　54′
山东	36°　45′　24″	36°　44′　24″	37°	36°　40′
河南	34°　52′　26″	34°　52′　5″	35°	34°　52′
陕西	34°　16′	34°　15′　36″	36°	34°　16′

[1] 1′ 约为 1.85 千米，所以 1.6′ 对应地面实际距离约为 3 千米。

[2] 圣祖仁皇帝实录：卷 260[M]// 清实录 . 北京：中华书局 , 1985.

续表

地点	《历象考成》	杜赫德书	《交食历指》	现代纬度值
江南	32° 4′	32° 4′ 30″	32° 30′	32° 4′
四川	30° 41′	30° 40′ 41″	29°	30° 40′
湖广	30° 34′ 48″	30° 34′ 50″	31°	30° 35′
浙江	30° 18′ 20″	30° 20′ 20″	30°	30° 18′
江西	28° 37′ 12″	28° 37′ 12″	29°	28° 37′
贵州	26° 30′ 20″	26° 30′	24°	26° 35′
福建	26° 2′ 24″	26° 2′ 24″	26°	26° 3′
广西	25° 13′ 7″	25° 13′ 12″	25°	25° 17′
云南	25° 6′	25° 6′	22°	25° 2′
广东	23° 11′	23° 10′ 58″	23°	23° 7′
平均绝对值误差	1.7′	1.6′	38′	

大地测量人员的组成

自 1669 年清初杨光先掀起的康熙历狱结束之后，康熙皇帝对于西洋科学的态度是充满欣赏的，当时南怀仁经常出入宫廷，向康熙皇帝传授几何学和地理知识。但是因为国内环境尚不安定，康熙本人了解的西学知识还是有限的。1669—1688 年，钦天监的天文历算工作主要由南怀仁独立担当完成。康熙皇帝真正开始深入学习西方知识是在“国王的数学家”来华之后，自他们 1688 年来华之后的数年间，康熙皇帝集中学习了西方的新知识，在张诚以及白晋的著作中，有大量关于此的描述。康熙皇帝本人坚持学习西洋的天文历算，并且进行过实际的测量活动，但是他更多地把这种行为当作政治作秀和炫耀的资本，以此达到控制汉人的目的[1]。虽然在他的影响下，一些官员和皇子如李光地、允祉等人对西法逐渐关注和了解，但是当康熙皇帝决定进行大规模的全国测绘和新的历法改革活动时，国内懂得西法历算和西方地理测绘的人才，包括传教士在内，还是远远不够的。

为了进一步分析绘制舆图进行的经纬度测量与历法修订测量经纬度的关系，笔者根据史料把大地测量时期的测量人员、测量的地点和历法改革相关事件放到同一个时间轴下比较，见表 5.3。表中第一列为大地测量的人员和测绘地点，其中“*”为传教士，“+”表示新加入人员，“-”表示退出人员，[] 表示此人是根据文献推测而参与测量。第二列为时间，1708—1722 年，即从大地测量开始直至《历象考成》编纂完成的时间。第三列为与编制历法有关的事件和涉及的人物。

表 5.3　大地测量与历法改革进程

大地测量人员与地点	时间（年）	为编制历法所做的选拔和测量
* 白晋、* 雷孝思、* 杜德美、（长城）	1708	
* 雷孝思、* 杜德美、* 费隐（东北、北直隶、黑龙江）	1709—1710	
穆克登查边	1711	夏至日影观测不准 派人测绘西藏不准 选取顾琮等 42 名历算人才
* 雷孝思、麦大成（+）（山东）		
* 杜德美、* 费隐、* 山遥瞻（+）（甘肃、蒙古部分地区）		

[1] 韩琦．科学、知识与权力：日影观测与康熙皇帝在历法改革中的而作用 [J]. 自然科学史研究 [J]. 2011，26（3）：303-311.

续表

大地测量人员与地点	时间（年）	为编制历法所做的选拔和测量
杜德美 – * 麦大成、* 汤尚贤 + 佛保、英住、[朗古礼]、[双德] （山西、陕西）	1712	招梅瑴成、陈厚耀、何国宗、明安图等随扈在侧、亲自教导
雷孝思、* 冯秉正 +、* 德玛诺 + 陶蕃齐等 （河南、江南、浙江、福建、台湾）		
* 麦大成、* 汤尚贤 李秉忠、郎图、绰尔代、苗受 （江西、广东、广西）	1713	下旨修历，蒙养斋算学馆成立
		将蒙古及哈密昼夜节气时刻，照新图推算增表
费隐、山遥瞻 布尔赛、英柱、朗古礼、双德（四川）		何国柱、阿齐图测朝鲜韩城北极高度和东西偏度
费隐、山遥瞻（去世） 布尔赛、英柱、朗古礼、双德 （四川、云南）	1714	何国栋（广东）、索柱（云南）、白映棠（四川）、那海（河南）、李英（江南）、照海（浙江）
费隐、雷孝思 常保 +、英柱、朗古礼、双德 （云南、贵州、湖广）	1715–1717	
受过训练的喇嘛 （西藏） 第一版《皇舆全览图》成图	1717	
	1719	再次征召 28 名算学人才 平安、丰盛额出使琉球国测绘
	1722	《历象考成》成书

就修订历法来说，康熙皇帝决定进行修历，首先需要做的是选拔人才并进行培训。清代自汤若望主持钦天监工作后，钦天监成了传教士的“世袭”职位[1]，但康熙皇帝当时很希望“摆脱”传教士对历法的控制，编制一部“中国化”的历法。据《清史稿》记载：

康熙五十年十月，又谕礼部考取效力算法人员，临轩亲试。取顾琮等四十二人。五十一年五月，驾幸避暑山庄。召梅文鼎之孙梅瑴成诣行在。

[1] 汤若望之后的150年间，先后主持钦天监工作的传教士有南怀仁、闵明我、庞嘉宾、纪理安、戴进贤、刘松龄、傅作霖、高慎思、安国宁、索德超、汤士选、福多明我、毕学源。

先是，命苏州教授陈厚耀、钦天监五官正何君锡之子何国柱、国宗，官学生明安图，原任钦天监监副成德，皆扈从侍直。上亲临命，许其问难如师弟子。五十二年五月，修律历吕算法诸书，以诚亲王允祉、皇十五子允禑、皇十六子允禄充承旨纂修，何国宗、梅瑴成充汇编……。所纂之书，每日进呈，上亲加改正焉。[1]

康熙五十八年，以推算人员不敷用，敕礼部录送蒙养斋考试，取傅明安等二十八人，命在修书处行走。[2]

康熙五十年(1711 年)康熙皇帝第一次命令礼部选取懂历算的官员，并且亲自考试，而后取中了顾琮等 42 人。把这一事件与大地测量的进展合并到一起来看，此时传教士刚刚测绘完东北地区，康熙皇帝对于用西法测绘全国正是充满信心的时候，决定加快测绘的进度，加入测绘队伍的传教士就是山遥瞻和麦大成，此时二人刚刚来华，觐见完康熙皇帝马上就加入了测绘的队伍，山遥瞻还是颇具学识、精于历算和测量的。康熙五十一年 (1712 年)，康熙皇帝再次希望加快大地测量的进度，于是“垂询传教士中是否尚有能胜任此事的人员未被任用，因此又有四人被荐并获准参加”[3]。汤尚贤、冯秉正和德玛诺加入测绘队伍，协助雷孝思等完成了河南等四省的测绘。但是他们三人的历算以及测量的水平是否如雷孝思等人还有待商榷。冯秉正于 1703 年就来华，他在文学和语言方面的能力比较突出，通晓满汉双语，熟悉中国古籍，他最擅长的是考据，著有《中国通史》。而德玛诺于 1707 年来华，据载他：“宣传圣教……

[1] 赵尔巽 . 清史稿 : 卷 45[M]. 北京 : 中华书局 , 1977.

[2] 同上。

[3] 杜赫德 . 测绘中国地图纪事 [M]// 谭其骧 , 侯仁之 , 史念海 . 历史地理 : 第二辑 . 上海 : 上海人民出版社 , 1982: 206-212. 此处提及的四人分别为冯秉正、汤尚贤、德玛诺和肯特雷 (K. Kenderer)，但是笔者在中文文献及其他研究文献中并未见提及肯特雷此人在康熙大地测量中的具体活动。

道途跋涉，不辞劳瘁……被公（德玛诺）归化者，甚众。公不特热心救灵，且长于治理……在杭州吾国之第一圣心堂是公所建筑”[1]，可见他更长于传教与管理教务。汤尚贤于1701年来华，他在数学方面比较有才能，但是来华后主要在江西、山西一带负责传教工作[2]，直到1712年大地测量的传教士需要帮手，他才被抽调去协助大地测量。康熙皇帝两次加派传教士加入测绘队伍，从某种程度上体现出测绘人才的紧缺以及康熙皇帝对于尽快看到全国地图的渴望。正是这些原因，他更加急切地想要培养自己的历算及测绘人才。所以他于1712年去往避暑山庄时，令陈厚耀、何国宗兄弟、明安图、成德等人扈从，又征召了梅瑴成，亲自教导，如此一年之后，才下令开始编纂历书。编纂期间，康熙皇帝还要“每日进呈，亲加改正”。康熙五十八年（1719年），大地测量的工作基本完成，但是编纂历书还需要更多的历算人才，所以再次选拔人员入蒙养斋学习。康熙皇帝三次选拔历算人才负责修历编书的工作，可见蒙养斋里的工作是非常繁忙的，所以不太可能再从里面抽调人手去协助传教士测绘地图。

另外，杜德美一开始就是参与大地测量的传教士之一，而且在制图测绘方面颇有造诣。他在1712年初完成蒙古地区的测绘之后，就离开了测绘队伍，被抽调回到北京，之所以在需要加快测绘进度的档口把杜德美撤回，原因之一是康熙皇帝需要身边有传教士就测绘事宜随时向他汇报解说，以便掌握测绘动态，第二个原因是要对选拔出来的学员进行指导。另外，在1711年至1721年间，出入宫廷的传教士还有纪理安（K. Stumpf，1655—1741）、傅圣泽（J. F. Foucquet，1665—1741）、杨秉义（F. Thilisch，1670—1715）等人，他们都精通天文历算。在此期间，

[1] 徐宗泽．明清间耶稣会士译著提要[M]．北京：中华书局，1989：410.

[2] 费赖之．明清间在华耶稣会士列传1552-1773[M]．梅乘骐，梅乘骏，译．天主教上海教区光启社，1997：709-710.

“特招”的学员们于内廷学习时同传教士肯定是有所接触的，他们从传教士那里学习了西方的历算知识。这些被选拔出的历算人才除了参与《律历渊源》的编纂，他们中的很多人后来都在钦天监中担任重要职位或者在测绘中独当一面，如顾琮、梅瑴成、何国宗兄弟等负责了《历象考成后编》的编纂，何国宗兄弟和明安图在乾隆年间领导了新疆地区的测绘。

修历与制图分别测量

《历象考成》与《崇祯历书》相比，通过实际观测更新了许多数据，特别是北极高度和日影的观测。图 5.1 至图 5.3 为《历象考成》开篇部分的“纂修编校诸臣职表”。参与编纂《历象考成》的诸人是从各级官员中选拔出来的，只有四格和潘汝英是原属钦天监的左监副和博士，从此也可以看出，康熙皇帝是希望编制《历象考成》能绕开传教士把持的钦天监，另起炉灶的。并且这些人的分工明确，两位皇子允祉和允禄领衔，何国宗、梅瑴成负责汇编，魏廷珍、王兰生、方苞负责分校，另外还有考测组十人，校算组十五人，校录组十五人。专门负责测量的考测组人员为成德、阿齐图、顾琮、照海、明安图、平安、何国栋、李英、那海、丰盛额。

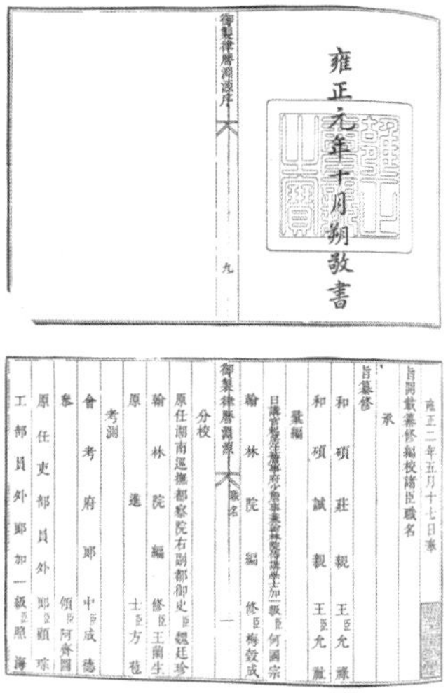

图 5.1 《历象考成》编纂人员（1）

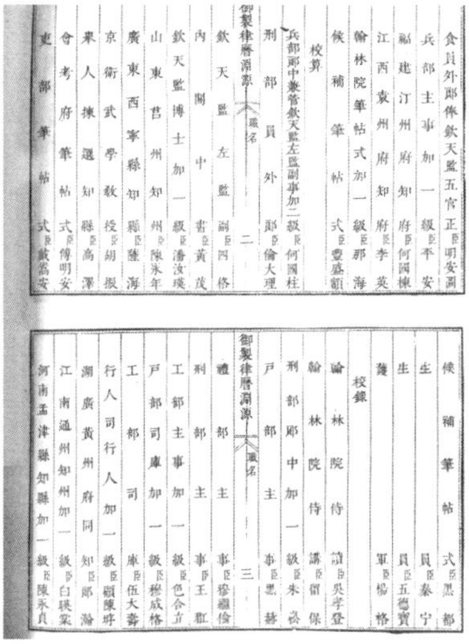

图 5.2 《历象考成》编纂人员（2）

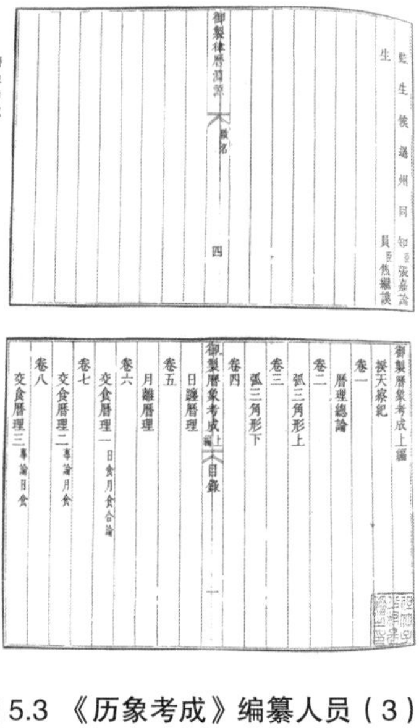

御製曆象考成上編 目錄
揆天察紀
卷一 曆理總論
卷二 弧三角形上
卷三 弧三角形下
卷四 日躔曆理
卷五 月離曆理
卷六 交食曆理一 日食月食合論
卷七 交食曆理二 專論月食
卷八 交食曆理三 專論日食

图 5.3 《历象考成》编纂人员（3）

在《康熙朝实录》中有这样一条记载：

康熙五十三年十一月辛亥和硕诚亲王允祉等奏：昔郭守敬修授时历，遣人各省实测日景，故得密合。今修历书，除畅春园及观象台逐日测验外，亦不必各省尽测。惟于里差之尤较著者，如广东、云南、四川、陕西、河南、江南、浙江七省，遣人测量北极高度及日景。则东西南北里差及日天半径，皆有实据。得旨：广东著何国栋去，云南著索柱去，四川著白映棠去，陕西著贡额去，河南著那海去，江南著李英去，浙江著照海去。[1]

前人一般认为这段文字讲康熙大地测量的情况，但是细加分析后，则不然。汪前进在其博士论文里曾指出这段话中的派出七人并不是为大地测量，而是为了修历。[2] 他指出：这则史料主要说明的情况是，允祉等人于康熙五十三年十一月辛亥（1714 年 12 月 19 日）上奏，请派人去往“里差之尤较著”的七个省，去测量北极高度和日影，目的是确定东西南北里差（东西里差为地理经度，南北里差为地理纬度）及日天半径，于是康熙皇帝派遣七人专门去测量。另外汪前进还指出，就测量的时间来说，也与大地测量的时间不符。笔者比较认同这一种观点。因为允祉于 1714 年 12 月请旨派人出去测量经纬度，考虑到下旨以及消耗在路上的时间，具体测量工作至少要在 1715 年才能开始。结合表 5.3，大地测量期间传教士具体测量七省的时间：陕西、河南、江南和浙江四省早已在 1712 年测绘完毕，广东在 1713 年测绘完毕，四川于 1714 年测绘完毕，各省所绘成的舆图已经被各省督抚递送回京。只有云南直到 1715 年才测绘完成。所以说康熙皇帝再次为绘图派出七个中国官员是不合理的，他们不可能是为了绘制地图而去。

另外据《历象考成》中记载：

各省偏度俱依地图经度所定。今测日影以求其节气时刻及月食早晚，验之皆与地图合。[3]

---

[1] 圣祖仁皇帝实录：卷 262[M]// 清实录. 北京：中华书局, 1985.

[2] 汪前进.《皇舆全览图》测绘研究 [D]. 北京：中国科学院自然科学史研究所, 1990.

[3] 何国宗, 梅瑴成. 历象考成 [M]// 薄树人. 中国科学技术典籍通汇·天文卷（七）. 河南：河南教育出版社, 1997: 827.

《历象考成》中的各个省的"东西偏度"都先从地图上测量，然后实际测量日影，求得实际的节气时刻和月食时刻即可回推距京师的经度。又提到"验之皆与地图合"，可见在改历中确实进行了实际的测量，所以这七人应该就是为了验证根据地图确定的"东西偏度表"而去往各地测量的。

就具体派遣的七人来说，这七个人中除了索柱和贡额，其他五人都可在《历象考成》编纂人员名单找到，其中白映棠和何国栋是《历象考成》校算组的成员，而那海、李英、照海为专门负责考测的成员。在1714年前，康熙皇帝已经选拔了42名历算学员进行培训，这七人很可能就是其中的成员，所以此次是专门派修历人员去往较偏远的7省进行测量的。

最后，虽然关于康熙大地测量中国参与人员的细节并没有官方记录留下来，但是在当时一些督抚往来的奏折中，可以拼凑出部分参与测量的中方人员的名字[1]，表5.3中标示了出来。佛保、英柱参与了山西、陕西的测绘，陶蕃齐等人参与了河南、江南、浙江、福建四省的测绘，李秉忠、郎图、绰尔代、苗受参与了江西、广东、广西三省的测绘，布尔赛、常保、英柱、郎古礼、双德参与四川、云南、贵州、湖广的测绘。

这里需要指出，关于陕西和山西的测绘，康熙五十一年（1712年）和素等人给康熙皇帝的奏折中提到：

陕西省画图向导护军参领觉罗英珠等……一并咨文欲参佛保……佛保系遣往画地图之人，虽艰苦，本应竭力跟随行走到底，嗣后落后，名声又恶，故将伊带回惩治。……故将英珠等之奏折及带给奴才等之文书一并谨奏。[2]

根据上文，佛保是赴陕西测绘的一队人马中的一员，但是畏艰落后

[1] Mario Cams也曾在博士论文中对参与的中方人员进行了整理。

[2] 中国第一历史档案馆．康熙朝满文朱批奏折全译[M]．王小虹，译．北京：中国社会科学出版社，1996：835-836.

被同行的英珠等人参奏，这里提到护军参领觉罗英珠是画图的向导，后文提到他也称之为英珠，考虑到把满文翻译时是音译，所以这个觉罗英珠应与汉文朱批中提到的“向导护军参领英柱”是一个人。另外，英柱与郎古礼、双德以及布尔赛都参与四川、云南的测绘，因布尔赛去世，常保接替了布尔赛的工作，继续测绘云南、贵州、湖广。英柱、郎古里和双德这三人似乎就是一个中方参与人员的“标配”，所以郎古礼和双德也极有可能参加了陕西的测绘。

据这些奏折推断，每个测量队除了传教士，应该还有四个主要的中国官员协助，以及其他一些负责拉绳测量的人员，如章京等。何国栋等七人既然在 1714 年能领队前往各地进行测量，那么他们在测绘舆图的队伍中也该是重要的参与人员，但在各地督抚的奏折中无一人提及何国栋等七人，这也表明他们七人就不属于测绘地图的队伍，而应该是专门修历的人才。

基于以上的分析，在 1708—1722 年，测绘舆图和修订历法是同时进行的，而且分别派出了测量队伍测量经纬度，这两支测量队伍的成员也完全不同。

中国官员主导测量边疆异域

在康熙大地测量期间，传教士主导测量了全国大部分区域的经纬度，但是一些敏感的边疆区域以及邻国的测绘，则主要由中国的官员进行测量[1]。

（一）对中朝边境以及朝鲜的经纬度测量

对俄国的防范以及康熙十年的东巡激发了康熙皇帝对于长白山的敬意与兴趣。[2] 为了部署军事以及修纂地志，自康熙十六年起康熙皇帝就开始多次派人探查，就是说康熙皇帝很早就关注中朝边界划定以及长白山的地区地形问题。康熙四十八年（1709 年）雷孝思、杜德美、费隐对东北地区进行了测绘。但是他们对中朝边境的区域特别是鸭绿江、图们江的测绘不够详细，主要是朝鲜方面对传教士非常防备。传教士传回的东北地图中长白山区域完全是空白的。在康熙四十九年，发生了“李万枝事件”[3]，康熙皇帝希望借此探明中朝边界，以补充入《皇舆全览图》。在康熙五十年，命令乌喇总管穆克登偕人会同朝鲜方面的官员再次对中朝边界处进行勘察绘图：

混同（松花）江，自长白山后流出，由船厂（今吉林市）打牲乌喇向东北流，会于黑龙，入海，此皆系中国地。鸭绿江，自长白山东南流出，向西南而往，由凤凰城（朝鲜义州）流入于海。鸭绿江之西北系中国地方，江之东南系朝鲜地方，以江为界。图们江，自长白山东边流出，向东南流入于海。图们江西南系朝鲜地方，江之东北系中国地方，亦以江为界。此处俱已明白。鸭绿、图们江二江之间地方，知之不明，即遣部员二人往凤凰城，会审朝鲜人李万技。又派出打牲乌喇总管穆克登同往。伊等请训旨时，朕曾密谕云，尔等此去，并查看地方，同朝鲜官沿江而上。如中国所属地方可行，即同朝鲜官在中国所属地方行；或中国所属地方有阻隔不通处，尔等俱在朝鲜所属地方行。乘此便至极尽处，详加阅视，

[1] 笔者认为，这些参与测量的官员多为参与修历的蒙养斋学员。

[2] 张存武．清代中韩关系论文集 [M]. 台北：台湾商务印书馆，1987：189.

[3] 李万枝等九人因被盗参清人逼债，将其杀害，引起两国上层重视。

务将边界查明来奏。想伊等启程前往矣，此番地方情形，庶得明白。[1]

前差打牲乌喇总管穆克登等查看凤凰城至长白山边界，伊等业将所查地方，绘图呈览。[2]

康熙皇帝非常重视这次沿江测绘，特意密嘱如果中国境内不易行走勘察，就要进入朝鲜境内勘察。在这次考察中，穆克登等考察人员在图们江、鸭绿江立下“审视碑”，作为查边定界的凭证[3]，而且也从朝鲜方面探得部分地名信息。但总的来说，他们的测量活动遭到了朝鲜方面的防备阻挠[4]，在马国贤的回忆录和《朝鲜肃宗实录》中都有相关的记载。

康熙五十二年（1713 年），穆克登率人再次奉旨出使朝鲜。国内关于这次赴朝测量的人员和情况的文献记载不多，据朝鲜史料：

钦差头等侍卫阿齐图、护猎总管穆克登奉命前往朝鲜国，五月初二日起行。……五官司历前例所无也，六品通官三员，跟役十九名。[5]

可见这次赴朝的使团共有 25 名。其中头等侍卫阿齐图是《历象考成》考测组的成员。并且史料中阿齐图的名字还在穆克登之前，可见视阿齐图为正使，穆克登为副使。虽然此次出使很多与朝方交涉的工作是由穆克登来做，穆克登此前在李万枝事件以及中朝边界的测绘中与朝方官员应打过不少交道，朝方官员应该与他相对最为熟悉。《朝鲜肃宗实录》

[1] 章梫 . 康熙政要 : 卷 18[M]. 北京 : 中共中央党校出版社 , 1994: 341-342.

[2] 圣祖仁皇帝实录 : 卷 247[M]// 清实录 . 北京 : 中华书局 , 1985.

[3] 马孟龙 . 穆克登查边与《皇舆全览图》编绘：兼对穆克登“审视碑”初立位置的考辨 [J]. 中国边疆史地研究, 2009（03）: 85-99.

[4] 关于穆克登如何借审理李万枝等人的机会进行测绘的具体情况见 : 李花子 . 康熙年间中朝查界交涉与长白山定界 [J]. 欧亚学刊 , 2003: 195-209; 余太山 , 李锦绣 . 欧亚学刊 : 第五辑 [M]. 北京 : 中华书局 , 2005; 张存武 . 清代中韩关系论文集 [M]. 台北 : 台湾商务印书馆 , 1987: 192.

[5] 吴晗 . 朝鲜肃宗实录 [M]// 吴晗 . 朝鲜李朝实录中的中国史料 . 北京：中华书局，1980：4315.

中提到这次出使的经过时都使用“副使如何如何”的字样，可见这次出使中穆克登是与朝方接洽的主要官员。另外，虽然《大东地志》中提到的是“清使何国柱率五百（官）司历来到……”把何国柱放在了领队的位置，但不管阿齐图和何国柱二人谁为正使，都可以看出此次出使就是为了测量而来。

值得注意的是，这里还提到一名五官司历，五官司历为钦天监时宪科的职官官职[1]。此人应为何国柱，他是《历象考成》校算组的成员。他当时还与朝鲜数学家洪正夏讨论过数学问题[2]，洪正夏自己的书中详细记录了他与何国柱、阿齐图讨论数学问题的过程。就是在这次出使期间，何国柱和阿齐图测量了汉城的北极高度为三十七度三十九分一十五秒，并且推算了汉阳的东西偏度为偏东十度三十分：

肃宗三十九年（1713），清使何国柱率五百（官）司历来到，实测北极高度于汉城府钟路街，得三十七度三十九分一十五秒，准北京顺天府中线，汉阳（城）编（偏）东十度三十分。[3]

在《历象考成》中的北极高度表给出了朝鲜的北极高度为三十七度三十九分一十五秒，就应为阿齐图与何国柱此次在朝鲜测量的结果。《清朝文献通考》（又名《皇朝文献通考》）也给出朝鲜北极高度为同样的数值，并且给出了夏至日夜长以及节气时刻。何国栋、阿齐图去朝鲜的一个目的就是为了测量汉城的经纬度，以满足修历的需要。

这次出使还有一个目的，就是为了绘制《皇舆全览图》的需要。此

[1] 史玉民．清钦天监职官制度 [J]. 中国科技史料，2001，22（4）：331–342.

[2] 见：郭世荣，李迪．何国柱与朝鲜洪正夏讨论数学问题的由来 [J]. 内蒙古师范大学学报（自然科学版），2004（2）：209–212；洪万生．十八世纪东算与中算的一段对话：洪正夏 VS. 何国柱 [J]. 汉学研究，2002，20（2）：57–80.

[3] 金正浩．大东地志 [M]. 朝鲜：金日成综合大学，1976. 转引自汪前进．历史上中朝两国地图学交流 [J]. 中国科技史料，1994，15（1）：3–18.

次出使期间，穆克登以前次绘制的长白山附近水脉不清为由借机索要朝鲜地图，并且强调这是皇帝的命令：

副来曰："白头山水派山脉之南下者未能详，欲见贵国地图，此帝命也。"[1]

朝鲜方面开始推诿搪塞，后来提供的地图也并不是全国详尽地图。阿齐图等人又索要图中各城镇间的道路距离，朝鲜方面也仅是提供大路的大概地图。

以上两次对朝鲜地区经纬度的测量，都是由中国人主导，前一次是为了绘制舆图，第二次是为了编制历法。图 5.4[2] 所示为《皇舆全览图》中朝鲜半岛部分地图。

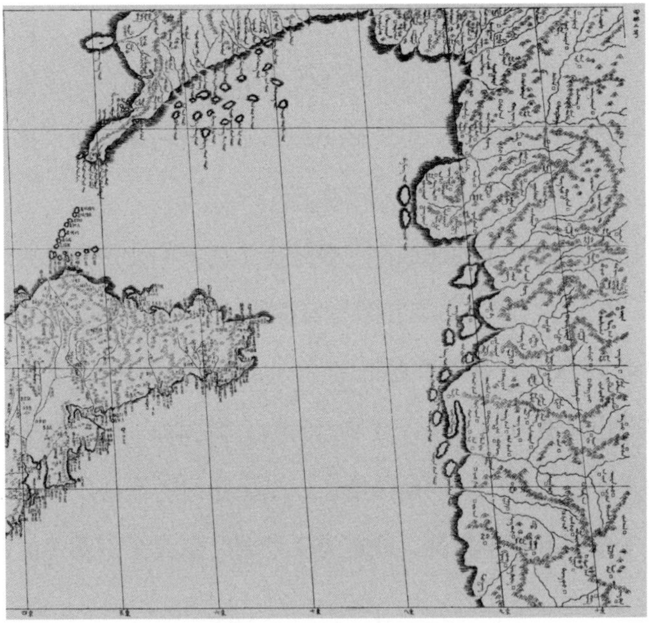

图 5.4 《皇舆全览图》朝鲜半岛部分地图

[1] 吴晗 . 朝鲜肃宗实录 [M]// 吴晗 . 朝鲜李朝实录中的中国史料 . 北京：中华书局，1980：4317.

[2] 汪前进，刘若芳 . 清廷三大实测全图集 [M]. 北京：外文出版社，2007.

（二）测绘西藏地图

《皇舆全览图》中西藏地区的地图是分两次测绘出来的。杜赫德在《中华帝国全志》最后一章"关于西藏地图的地理和历史观察（*Geographical and Historical observations on the map of Tibet*）"介绍了雷孝思关于1711年和1717年两次绘制西藏地区地图的回忆。关于第一次测绘西藏地区地图，据《中华帝国全志》记载：1709年康熙皇帝派使进驻西藏，特使的随员中有人专门是绘制西藏地图的。又据《圣祖实录》知，因为蒙藏关系恶劣，清廷趁机介入，康熙皇帝派侍郎赫寿前往西藏与拉藏汗一起处理藏族事务。当时大地测量刚刚拉开帷幕，康熙皇帝对绘制全国范围的舆图已有所计划，所以借此次进藏的机会派人一并绘制西藏地图。绘制的西藏地图于1711年被交付到雷孝思手中，雷孝思发现图中各地点的位置并不是利用天文方法测量的，而且各地的距离也并没有实际测量，但雷孝思还是根据这幅地图进行了简单的计算，绘出了一份地图。显然这幅图并不符合传教士绘制全国地图的标准，但仍然足以让人意识到西藏的广阔地域。这一幅测绘的西藏地图也被收录到《皇舆全览图》中，并被雷孝思传回了法国，被杜赫德收录在了《中华帝国全志》中。

康熙皇帝也意识到第一幅西藏地图并不够准确，不符合传教士绘制舆图的要求。于是在1717年重新派了两个喇嘛测绘了从西宁到拉萨的区域，这两个喇嘛此前在蒙养斋接受过代数和几何方面的训练。虽然此图还是不尽如人意，雷孝思还是在喇嘛递交的西藏地图基础上，绘制出此次测量区域的地图。直到乾隆年间明安图等人领队详细地测绘新疆和西藏地区。

从西藏地图的测绘可以发现，在大地测量一开始，对于敏感区域康熙皇帝有派中国人去绘制的想法并且也尝试了，但是这个尝试结果并不令他满意。因为没有通晓测量的中国人，而传教士又不被允许进入西藏，所以对于西藏的测量就被延后。直至蒙养斋的学员被培养出来，才又派人开始测绘西藏、朝鲜以及琉球。

（三）对琉球的“不成功”测量

康熙五十八年（1719 年），清廷派人出使琉球。关于这次出使的目的，周煌在《琉球国志略》中有载：

康熙五十八年，圣祖仁皇帝特遣内廷八品官平安、监生丰盛额偕册使海宝、徐葆光同往琉球国测量。按琉球分野，与扬州吴越同属女牛星纪之次，俱在丑宫。旧测北京北极出地四十度，福建北极出地二十六度三分；今测琉球北极出地二十六度二分三厘，地势在福州正东偏南三里许。旧测福建偏度去北极中线偏东四十六度三十分，今测琉球偏度去北极中线偏东五十四度，与福州东西相去八度三十分；每度二百里推算，径直海面一千七百里。凡船行六十里为一更，自福州至琉球姑米山四十更，计二千四百里；自琉球姑米回福州五十更，计三千里：乃绕南、北行，里数故稍为纡远耳。始知从前动称万里者，皆属县揣云。[1]

周煌提及，1719 年康熙皇帝派遣平安、丰盛额和册使海宝、徐葆光一起去琉球国测量，这些内容是在记录琉球“星野”的部分，平安和丰盛额都是《历象考成》列出的专门负责考测的人员，为了天文目的测量琉球经纬度已经很明确了。但这里同时提及“本张衡、裴秀之规”“准其远近纡直之实”。张衡与裴秀分别是汉代的天文学家和地图学家，暗示这次出使的目的其实有两个——天文学目的和地理测绘目的，“准其远近纡直”也指确定琉球的地理方位。琉球方面对二位测量官的重视程

[1] 周煌．琉球国志略 [M]// 故宫博物院．钦定武英殿聚珍版丛书．北京：故宫出版社，2012：8341-8342.

度甚至超过了此次册封的正副使[1]，说明这次出使测量的任务要重于册封的任务。

此次出使的副使徐葆光归国后在康熙六十年出版了《中山传信录》以记载琉球的风土人情及其所见所闻。书中也提及这次出使测量经纬度的任务：

今琉球虽隔大海，新测晷景。伏观禁廷新刊舆图，朝鲜、哈密、拉藏属国等图皆在焉；海外藩封，例得附于其次。……臣海宝、臣徐葆光奉册将行，上特遣内廷八品官平安、监生丰盛额同往测量。[2]

今测琉球北极出地二十六度二分三厘……与福州东西相去八度三十分。每度二百里，推算径直海面一千七百里。[3]

徐葆光出使前曾在宫廷中看过一幅新制的舆图，这幅图应该就是《皇舆全览图》，此次出使前一年第一版木版《皇舆全览图》刚刚绘制出来。徐葆光还特意提及，朝鲜、哈密、拉藏这些陆路与大清接壤的边疆属国都附列图上，琉球作为海外属国同样要进行测绘，所以康熙特意派了测量官来进行测量。所以这次测量为了满足大地测量的目的是毫无疑问的。平安和丰盛额实测了琉球的北极高度（纬度）为二十六度二分三厘，确定了琉球与福州的经度差，进而推算出了福州和琉球的东西距离。琉球国王的奏疏中也提及平安和丰盛额在使馆中测量晷影：

于康熙五十八年钦差内蒙养斋侍直纂修官平安、丰盛额同册封使翰林院检讨海宝、副使翰林院编修徐葆光等，恭捧诏敕并测量御器……每阅（月）五日，必遣陪臣请安天使，窥知于公馆中测量晷影，于今殆历

[1] 方豪．中西交通史：下 [M]. 长沙：岳麓书社，1987：869–873.

[2] 徐葆光．中山传信录：卷四 [M]. 济南：齐鲁书社，1997.

[3] 同上。

半载。[1]

海宝和徐葆光完成谕祭册封等仪式后，并没有马上回国，而是继续在琉球待了八个月。除了一直在测量经纬度以及日影，根据《中山传信录》的记载，徐葆光在差使之余，向琉球国王要求看《中山世鉴》以及琉球的山川图籍，与朝鲜王庭阻挠清使看到详细的地图不同，琉球国王特命人绘制琉球的大概方位图，但因为该图并不详尽，测量官又四处寻访查探[2]，绘成《琉球三十六岛图》（图 5.5、图 5.6）和《琉球地图》（图 5.7、图 5.8），被收录到《中山传信录》中。但是各个版本的《皇舆全览图》中均无琉球地图，这或许是因为徐葆光等人带回来的琉球地图并不符合传教士的要求，所以对绘制《皇舆全览图》而言，这是一次不成功的测量。但是此次对琉球的测绘，特别是实测的琉球北极高度（纬度）与东西偏度（经度）多为后世人所引用，成为清人了解琉球地理状况的宝贵资料。

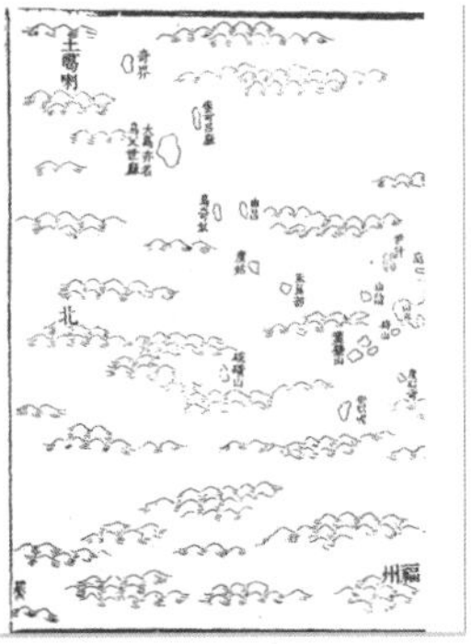

图 5.5　琉球三十六岛图（1）　图 5.6　琉球三十六岛图（2）

---

[1] 历代宝案：第二册 [M]. 影印本 . 台北：台湾国立大学 , 1972.

[2]《中山传信录》为徐葆光的个人著述，所记多为他个人的所见所得，并未特意提及同去的测量官平安和丰盛额的具体测量绘图工作，但从其行文不难推断出他们一行人对琉球的地理方位等内容进行过考察。从他自己的记述以及周煌的论述来看，平安和丰盛额都是专门去进行测量的，所以对琉球的地理考察他们也是一定参与其中的。

图 5.7　琉球地图（1）

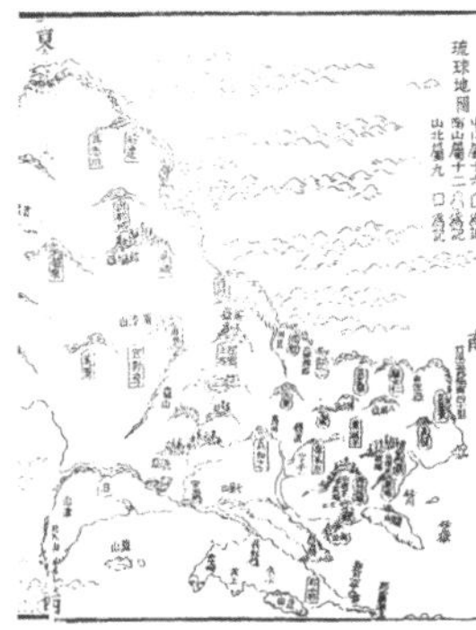

图 5.8　琉球地图（2）

大地测量的成果被用于历法编制

对于蒙古地区经纬度的测量同前面的朝鲜、琉球不一样，大地测量的成果被利用到新历表的编制中。康熙皇帝对蒙古地区的测量非常重视，早年出巡蒙古诸地时就多次令张诚随地测量过北极高度[1]，把在天文上能够准确推算蒙古诸地的昼夜、节气时刻表，在地理上掌握蒙古地区的详细地形，作为自己对蒙古地区征服统治的象征。据《清朝文献通考》记载：

三十一年三月令钦天监将蒙古昼夜节气时刻增载，颁朔其增载之名二十有四，曰科尔沁……四十二年三月，增衍蒙古诸处推算表，钦天监疏言：各蒙古东至野索，西至雅尔坚，自北极高度四十四度之巴尔库尔

[1] 张诚曾据自己的测量结果绘制了蒙古地区的地图，唐维尔在绘制《中华鞑靼全图》的时候关于蒙古地区就曾参考了张诚的地图。

河及北极高度六十八度之武地和，宜照四十四度之表式推至六十八度从之。五十二年四月，令钦天监将蒙古及哈密昼夜节气时刻，照新图推算增表。礼部议科尔沁等二十四处蒙古节气太阳出入自康熙三十二年照理藩院旧地推算，今新地图系用。御制新仪测得北极高低经纬度数丝毫不爽，迥非旧图可比。嗣后俱照新图推算，又钦天监推算各省皆以省城为准，今新向化诸蒙古及哈密，应以有城池及有房屋之地为准推算，增列从之。其增载之名一十有五，曰布隆勘布尔噶苏……[1]

这条记载是说，康熙三十一年（1692 年）和康熙四十二年（1703 年），康熙皇帝两次令钦天监推算出蒙古诸地的昼夜、节气时刻以及增加算表。在康熙五十二年（1713 年），又令钦天监依照“新图”推算蒙古及哈密十五地的昼夜和节气时刻，加入算表。这里需要指出昼夜时刻的推算与地理纬度有关，各地节气时刻的推算与地理经度有关。法国人杜赫德编纂的《中华帝国全志》中保留了参与测量的传教士的部分报告。其中关于蒙古地区的测绘情况：白晋、雷孝思、杜德美三人在 1708 年测绘长城和长城为界的北方各省，以及与这些省毗邻的地区，其中应该就包括蒙古的一些地区。在测绘东北的时候，也提及“从 45 度至 40 度纬度之间所有汉人称之为藏鞑子的蒙古王宫的领地都已包括在内”[2]。可见在测绘东北时，也测量了与东北毗邻的蒙古地区。而在 1711 年，杜德美、费隐和山遥瞻“出长城直至哈密府的治所哈密，测定了被称为喀尔喀鞑子的几乎整个鞑靼地区”[3]，即治下的整个蒙古地区在 1711 年全部测量完毕。他们直到第二年一月才返回北京，并将绘制的舆图交给康熙皇帝，

[1] 清朝文献通考：卷 256[M]. 北京：商务印书馆，1936.

[2] 福克司．康熙时代耶稣会教士所绘之中国地图 [J]. 顾华，译．中德学志．1941，3（3）：433-441.

[3] 清朝文献通考：卷 256[M]. 北京：商务印书馆，1936.

康熙非常满意。在接下来的 1713 年康熙皇帝下旨于蒙养斋开馆修历，新增蒙古及哈密地区十五个地方的昼夜、节气推算表应该是为了编纂历法的需要。根据这条记录，算表是在“新图”上分别测量经纬度后得到，这里的“新图”应该就是杜德美等绘制的蒙古地区的地图。同时礼部还指出，利用新式的仪器测量校验后，用杜德美等人所绘的地图测量得到的新表，远远好于康熙三十二年按照理藩院原有旧图推算的昼夜、节气时刻表，于是建议以后需要利用地图测量经纬度时都用新图，即在历法推算中直接利用大地测量的成果。

第六章 结语

明末清初是中西方文明相遇与对话的时代。西方的天文学、地理学知识大量地传入中国，对中国的知识领域产生了重大影响。经纬度是地圆说在历法中被具体应用的基本概念，二十四节气时刻、昼夜时刻以及交食推算的算法都需要用到经纬度。无论是在明末的崇祯改历中还是后来清初的改历中，经纬度测量都是改历活动必不可少的一部分。

明末清初经纬度在天文历法中被实际应用

中国古代天文学一直为皇家垄断，直到明末西方天文学传入，这种情况才发生了改变。为是否要改用“西学”，中国的历算家们在崇祯改历前后发生了激烈的争论。在明末崇祯改历中，徐光启利用经纬度这一新传入的概念，帮助“西法”确立其优势地位。恰逢历法改革，也是经纬度首先在天文领域进入实操的契机。

《大统历》《回回历法》以及“新法”三家历法在明末存在激烈的竞争。作为崇祯改历的主导者，徐光启对“西法”极为推崇，特别是在交食预报上，借助经纬度相关计算，“西法”预报的交食打破了传统历法只能预报一地交食的弊端。《崇祯历书》记载的交食预报中，历局的预报都包括了京师以及十四个省府的见食情况。可预报多地交食是“西法”在实际的推算效果上优于旧法的一个主要特点，也是传统历法始终无法正面解决的问题之一。崇祯改历中，徐光启领导的历局面对魏文魁、冷守中等保守派的攻击与责难，经纬度的概念就是徐光启捍卫西法优越性的一柄利器。关于崇祯改历期间经纬度的测量，徐光启把传统历法中“里差”“北极高度”的概念与经纬度联系在一起，并且提出要通过月食来确定地理经度、以“唐元旧法”来确定纬度。但是实际上，崇祯改历期间并没有进行过纬度的测量，所利用的纬度数据是传教士来华后陆续测得的，并且不断修正。各重要省府的纬度数据，可视为传教士群体的共同成果，并未在崇祯改历以前已做好测量。地理经度的测定难度更大，故徐光启主张先在《广舆图》上间接测得，然后根据各地月食实际发生的时刻进行核验。

清初西方天文学逐渐确立了其“官方”地位，但是西法可以通过经纬度推算多地交食的“优势”被传教士保留并坚持下来。最为名显的表现，首先是清代预报交食皆预报京师和全国其他重要省府以及朝鲜的情况。其次是自顺治朝始，官方历书《时宪书》中增入了各省府的太阳出入时刻和二十四节气时刻。

至康熙末年为了摆脱传教士对天文历法的控制，康熙皇帝组织人手进行修历，《历象考成》被编纂出来，可以说，清初的这次修历是中国人自主的一次改历活动。在改历过程中，进行了经纬度的重新测量，测量的结果要优于明末崇祯改历时，但是其测量的基本方法与崇祯改历中一般无二：纬度的测量基本采用了测勾陈大星或太阳正午高度的方法，只是精度有所提高；地理经度的测量是从地图上间接测量，只不过此时的地图换成了更为精确的《皇舆全览图》。利用经纬度进行具体的推算分为三类：各省的节气时刻及月食时刻只需在推出京师时刻的基础上根据加时表进行调整；各地昼夜时刻则根据各地纬度进行推算；日食推算最为复杂，经度、纬度都需要考虑。

与《历象考成》的编纂基本同一时期，康熙皇帝还组织进行了另一项大规模的科学活动——《皇舆全览图》的测绘。这项工作是在康熙皇帝与传教士的共同推动下完成的，而且这项工作也不是一蹴而就的，而是康熙皇帝经过了多年的准备以及几次尝试性测量的基础上才得以进行的。1708—1717 年的大地测量是由传教士实测、中国官员协助完成。关于测量的方法，纬度通过测量太阳正午高度以及北极附近星的位置的方法测得——与崇祯改历和同时代的改历中并无区别，经度则主要通过三角测量法估测出来，再利用天文现象进行检验。

试探讨天文测量和大地测量的“脱节”

康熙时代同时进行的两项重大的科学活动——测绘《皇舆全览图》和编纂《历象考成》都需要进行经纬度的测量，如果把二者的进程放到同一个时间轴上进行比较，会发现他们之间存在“脱节”。从康熙皇帝两次加快测绘的速度并同时进行历算人才的选拔来看，不论是对于绘制舆图还是修历，通历算懂测绘的人才都是不足的。为了修订历法，成立了专门负责测量各地北极高度以及日影的考测小组，并且被派出奔赴各地测量。参与这两个科学活动的成员是截然不同的，对各省测量的时间也是交错开的，可以说二者基本没有交集。对于一些敏感的政治区域，不论是为制图还是为修历，进行测量的人员都是蒙养斋的学员，特别是在大地测量后期，经纬度测量同时满足天文和地理测绘两个目的。

通过对测量的经纬度数据的比较发现，自明末至康熙末年，经纬度测量的经度一直在提高。在康熙朝历法改革和大地测量期间，传教士在全国范围内测得的纬度数据与《历象考成》考测组测量的北极高度是基本相当的，而且大地测量得到的各地经度值要优于考测组推算或者从地图上测量的结果。从技术层面来说，一方面，纬度的测量相对容易，只要测得北极高度即是该地的地理纬度，中国古代自唐代一行开始，引入了根据不同地点的北极高度推算影长的算法。而地理经度的测量相对比较困难，中国古代没有地圆的概念，历法中除了耶律楚材的《庚午元历》提到过类似的“里差”概念外，并无对地理经度的认识。西方一般根据某些天体的位置来测量地理经度，如月食、木星卫星的相位变化等，对于刚刚接触到地理经度的中国人来说，准确理解经度还是有困难的。另一方面，当时大地测量与编纂历法同时进行，传教士测完一地递交一地的省图，最后汇总成全国总图。因改历的时间紧迫，也不可能完全根据月食确定经度，又基于某些原因没有直接采用传教士测得数值或因为整合起来较慢没有采用。所以可能的做法就是，根据手头已有的数据测出地理经度，然后又派人去进行测量。这也就是 1714 年又派出七人去测量“里差较著”的七个省的原因。

但是天文测量经纬度与地理测量经纬度出现“脱节”，却不是简单的测量技术或历法编制等技术性因素导致的，“脱节”原因更在社会层面——传教士被刻意排除在编制《历象考成》工作之外，尽管《历象考成》就其本质来说完全是西方的几何天文体系。其实修定历法所需要的经纬度数据可直接由负责大地测量的传教士提供，康熙皇帝似大可不必重复派人测量。但是康熙皇帝却把二者截然分开，这与“礼仪之争”后期康熙皇帝对传教士不信任的态度有关，他更迫切地希望编制出一部“钦制”之历法。而在传教士与中国士人方面，他们的关系自“康熙历狱”后并没有明显改善，反而愈加彼此疏远敌视，更令他们不太可能主动共享自己的测量数据。而“西学中源”说的逐渐盛行，满足了中国士人内心的文化自大心理，他们更加不愿向传教士直接索取测量的经纬度数据。

（一）中国人“自主”修历

康熙皇帝对于西法的兴趣起源于早年经历的“康熙历狱”，他认为“西法”优于中法，而国内无知历之人。他对于传教士是很信任的，毫不掩饰自己对他们的好感和恩遇，并且对西法也是极为推崇的。康熙四十三年（1704 年）日食，康熙皇帝亲自观测后发现钦天监此前的预报有误，他认定是钦天监的人员推算不精导致的错误，因为“新法推算无舛错之理”。

康熙皇帝接触西学之后，开始只想把西学知识控制在自己或者是满人手中，并不希望汉人对此多有了解。康熙皇帝曾对张诚和徐日升说过：

我们这个帝国之内有三个民族，满人像我一样爱敬你们，但是汉人和蒙古人不能容你们。你们知道汤若望神甫快死的那一阵的遭遇，也知道南怀仁神甫年轻时的遭遇。你们必须经常小心出现杨光先那种骗子……总之，他告诫我们不要在我们所去的衙门里翻译任何关于我们的科学的东西，而只在我们自己家里做。[1]

这段话是在张诚和徐日升作为中俄尼布楚谈判的翻译期间（1690 年 2 月 17 日）对他们说的。康熙皇帝特意用早年杨光先掀起的历狱风波来警告张诚他们，不希望传教士和自己的臣子，特别是与汉人和蒙古人有过多接触，并且严令禁止他们让中国人接触到西方的科学知识。可见康熙皇帝此时对于传教士还是比较信任的，他在他们面前表达了自己对于汉人和蒙古人有防范之心。但他并不希望他们与其有过多接触，联想到康熙皇帝表现出来的对于西学的热衷的学习态度，康熙皇帝可能更愿自己为传教士与中国官员之间的唯一交集。这也是在康熙晚年进行大地测量和历法修订时历算测量人才紧缺的一个原因。

从传教士的书信中也能看出，传教士们多是记录康熙皇帝对于西方科学技术的推崇以及对传教士的优待，具体的表现就是面对中国官员或者其他人不友好的时候，皇帝总是表现出宽容和信任的态度。而传教士面对中国官员的态度也是有所提防的，但是康熙皇帝并没有尝试化解臣子与传教士的这种矛盾，只是把传教士当作自己一人的私臣，传教士在清廷生活的根基其实只系于康熙皇帝的个人兴趣。传教士来华的根本目的是传播宗教，但是康熙皇帝对此全无兴趣。康熙皇帝与南怀仁、白晋以及张诚等传教士接触频繁，他们利用一切机会向康熙皇帝讲解基督教的主要教义，所以康熙皇帝明显是了解传教士诉求的。虽然白晋曾乐观地说："皇帝研究我们科学的好奇心，也激励着他去学习我们的宗教……他（康熙皇帝）相信，有朝一日基督教将成为中国的主要宗教"[2]，但白晋同时承认康熙皇帝从来没有流露出皈依基督教的倾向。1700 年前，

[1] 张诚．张诚日记 [M]．陈霞飞，译．陈泽宪，校．北京：商务印书馆，1973：72.

[2] 白晋．康熙帝传 [M]// 马绪祥，译．中国社会科学院历史研究所清史研究室．清史资料：第一辑．北京：中华书局，1980：246.

康熙皇帝对于基督教既无明显的蔑视也无明显的亲近。康熙皇帝对传教士的笼络和安抚，更多的是为了利用传教士所掌握的西方科学技术来为自己的统治服务，“在康熙帝主持之下引进的西方科学，仍然没有超越历法和大地测量等所需的实用知识的范围及其猎奇赏玩的限度”[1]。一旦康熙皇帝介入礼仪之争，他对于传教士的态度马上转为防范，转而希望编制出一部完全没有传教士插手、中国人自己的历法。

“礼仪之争”是指从17世纪中叶至18世纪中叶，在华传教士之间以及传教士与罗马教廷之间展开的有关中国传统祭祀礼仪性质的讨论[2]。中国传统的尊孔、祭祖的礼仪问题[3]，其实从明末开始一直就是传教士面对的最为棘手的问题之一。明末耶稣会士对礼仪问题的立场就是：这些礼仪最初仅仅是一种世俗的仪式，而后来随着时间的推移而沾染上了错误的和迷信的信仰[4]。在利玛窦的适应政策下礼仪之争暂时潜藏，但是传教士之间以及传教士与罗马教廷之间的争论从未停止。随着康熙皇帝正式介入礼仪之争，这场争论从文化之争转变为权利之争。亦因为礼仪之争，使得康熙皇帝对于传教士的态度发生了转变，即使他还是推崇西方科学技术。

据李光地记载：

上令诸内官俱退，呼余（李光地）和孝感（熊赐履）近前，云：汝

[1] 王扬宗．略论明清之际西学东渐的特点与中西科学互动[J]. 国际汉学，2000（2）：318–336.

[2] 张国刚．从中西初识到礼仪之争明清传教士与中西文化交流[M]. 北京：人民出版社，2003：345.

[3] 中国礼仪问题还涉及术语问题，即在中国语言中用什么样的词汇来表达基督教中“神”这一概念。

[4] 邓恩（George H.Dunne）. 从利玛窦到汤若望晚明的耶稣会传教士[M]. 余三乐，石蓉，译．上海：上海古籍出版社，2003：279.

等知西洋人渐作怪乎，将孔夫子亦骂了。予所以好待他者，不过是用其技艺耳，历算之学果然好，你们通是读书人，见外面地方官与知道理者，可俱道朕意。[1]

这次对话发生于康熙四十五年（1706 年），康熙皇帝在汉人臣子李光地和熊赐履面前明确表达了对传教士不敬孔子的不满，之所以重用他们只为“其技艺”以及“历算之学”，并且希望他二人向其他人传达自己的看法。在此之前，梅文鼎的著作经由李光地被推荐给康熙皇帝，康熙皇帝也曾亲召过梅文鼎。后梅文鼎来京，在李光地的赞助下开始讲学，这些很难说不是在康熙皇帝的默许与鼓励之下进行的。1711 年日影观测之后，康熙皇帝对于传教士更加不信任[2]，而且对官员们说：“现在西洋人所言，前后不相符，尔等理当防备。”[3] 到了后期，康熙皇帝明确表态，除了精通天文、算术等技艺的传教士留用外，其他人皆可能被驱逐。所以在选拔的中国历算学员在蒙养斋学习之后，康熙皇帝直接派出这些受过训练的蒙养斋学员去各地测量，这也是为何在最初编制蒙古地区算表的时候尚根据传教士传回的地图测量，而后期特别是异域边疆地区，他们同时肩负着“制图”和“制历”两个测量任务。

康熙皇帝对西法的微妙态度，随着蒙养斋的成立、历算学员被培养出来，转变为对中国人已掌握历算的自信心，而且愈加膨胀，想要自力更生摆脱传教士。这些直接导致“西学中源”说在清代愈来愈盛行。面对新知识的巨大冲击，除了像杨光先那样完全否定之外，一部分人已经意识到西洋知识特别是天文地理方面的知识，其所具备的优势是传统的

[1] 李光地．榕村语录续集：卷六 [M]. 刻本．北京：傅氏藏园．

[2] 韩琦．科学、知识与权力：日影观测与康熙皇帝在历法改革中的而作用 [J]. 自然科学史研究，2011，26（3）：303−311.

[3] 第一历史档案馆．康熙朝满文朱批奏折全译 [M]. 王小虹，译．北京：中国社会科学出版社，1996：741.

知识体系无法比拟的，所以他们更希望从古代中国的历史记忆中寻找蛛丝马迹，来消解接纳西学知识与固守传统思想的矛盾。

清初西方天文学已经证明了自身远胜传统历法的精确性，并且已经在钦天监占据了主导位置。对于那些了解天文历算的学者来说，一方面他们认识到西法毋庸置疑要优于传统历法，另一方面心理上的文化优越感又让他们不愿接受自身的落后，以至要抛弃传统。“西学中源”说与“中西会通”经常联系到一起。明末徐光启提出中西“会通”，是为了更好地引入西方科学技术，淡化传统人士对西法的敌对，实现沟通中西科学的目的。但是入清以后，这种“会通”的思想演化为强调西学与中学的流与源的问题。

康熙皇帝是“西学中源”说的主要推动者，特别是在测量数据相关知识的认识上，康熙皇帝认为其源自中国。他在《三角形论》中提出：“古人历法流传西土，彼土之人习而加精焉”。在康熙四十一年（1702 年）南巡之后，通过测量确定子午线 1 度的距离为 200 里。康熙皇帝在给张玉书和李光地的谕旨中指出：

三角形从前虽无此名，而历来算法必有所本。如勾股法，亦不离三角形，是此法必自古流传，特未见于书，故不知所始也。[1]

在康熙五十年（1711 年），康熙皇帝对身边的臣子说：

夫算法之理，皆出自易经。即西洋算法亦善，原系中国算法，彼称为阿尔朱巴尔。阿尔朱巴尔者，传自东方之谓也。[2]

可见康熙皇帝认为传入的西方历算知识是把中国传统历法的“旧酒”装到了西法的“新瓶”中，只不过有些历算知识古代典籍中未曾记载、

[1] 圣祖仁皇帝御制文集：第三集：卷 19[C]// 景印文渊阁四库全书．台北：台湾商务印书馆，1986.

[2] 圣祖仁皇帝实录：卷 245[C]// 清实录．北京：中华书局，1985.

失传了或者传到西方改换名称而已。康熙皇帝对“西学中源”的支持获得了梅文鼎的热烈响应，梅文鼎作为通晓中西方天文历算的大师，将“西学中源”的思想发展得更为完备[1]。他对“西学中源”说的扩散传播起了极大的推动作用[2]。

就具体的经纬度概念来说，当时有“南王北薛”之称的王锡阐甚至反过来把“北极高度”“里差”当作经纬度在中国自古已有的证据，以此来论证“西学中源”，他提到：“南北地度以步北极之高下，东西地度以步加时之先后也，旧法不有里差之术乎？……西人窃取其意，岂能越其范围[3]”，“西人窃取其意”可见王锡阐对西学的鄙夷态度。

至此“西学中源”说获得官方承认的地位，传统的士大夫不用再面对自己内心的煎熬或放弃“天朝上国”的文化自大心理。历算家们不再需要像明末徐光启等人那样为了证明西法更优秀，而不断去发现西法中那些中国传统历法所不具备或不完善的地方，他们的注意力不用再放在对西学知识的“求其故”上。或者说，历法家们不需要再去追寻中西方天文学本质上的差异，而失去了对知识的追求。

穆克登查边，可以视作中方独立主导测绘的开始。从 1713 年开始，一支由历算学员主导的测量队伍开始活跃，分别于 1713 年测绘朝

[1] 王扬宗．康熙、梅文鼎和“西学中源”说 [J]. 传统文化与现代化，1995（3）：77–84.

[2] 关于康熙与梅文鼎的交往主要是李光地促成的，具体研究见：韩琦．君主和布衣之间：李光地在康熙时代的活动及其对科学的影响 [J]. 清华学报，1996，26（4）：421–445. 关于康熙与梅文鼎在传播“西学中源”说上的异同和相互影响，具体研究见：王扬宗．康熙、梅文鼎和“西学中源”说 [J]. 传统文化与现代化，1995（3）：77–84；王扬宗．康熙、梅文鼎与“西学中源”说再商榷 [J]. 中华科技史学会会刊，2006（10）：59–63；祝平一．伏读圣裁：《历学疑问补》与《三角形推算法论》[J]. 新史学，2005，16（1）：51–84.

[3] 王锡阐．晓庵遗书·历说五 [M]// 薄树人．中国科学技术典籍通汇·天文卷（六）. 郑州：河南教育出版社，1997.

鲜、1714 年测量七省经纬度、1717 年测量西藏地区，1719 年测绘琉球，其中主导测量的人员多为《历象考成》编纂组成员。虽然康熙皇帝两次选拔历算人才的具体名单无从考证，但在康熙大地测量后期以及雍正、乾隆年间的历算和地图测绘活动中，中方人员逐渐扮演着更重要的主导角色，也可见 1710—1720 年康熙皇帝着力培养人才的深远影响。

（二）传教士和中国士人的暗流涌动

康熙皇帝对待传教士的心理态度上的转变，很容易就被他的臣子们捕捉到。这使得中国学者与传教士的关系更加疏远。其实从明末开始，对来华传教士的敌对态度一直就没有消失过。从明末沈㴶发起的“南京教案”到清初杨光先掀起的“康熙历狱”，无一不是这种排外思想的外在表现。就历法方面来说，从明末就有学者持有这样一种观点：即使西法真的比中国传统历法好，也不能使用，使用西法意味着与根深蒂固的“用夏变夷”儒家信条相违背，当然这种想法已不是针对西学知识本身的内容而发。清初杨光先领导的钦天监在与传教士较量失败之后，自己辩护：“臣监之历法乃尧舜相传之法也，皇上所正之位乃尧舜相传之位也……皇上颁行之历，应用尧舜之历”就是这种想法的一种体现[1]，他甚至直接说出“宁可使中夏无好历法，不可使中夏有西洋人”[2]。而传教士对于杨光先事件的看法是：“朝廷中的多数大臣，在这方面（科学技术）都是无知的，而且有民族偏见。钦天监里几乎所有人都嫉妒外国传教士的声望，并因受外国人的纠正而感到羞耻”[3]。即使最后杨光先被逐

[1] 黄伯禄．正教奉褒 [M]．排印本．上海：慈母堂，1908: 47.

[2] 杨光先．不得已 [M]．陈占山，校注．合肥：黄山书社，2000：75.

[3] 白晋．康熙皇帝 [M]// 马绪祥，译．中国社会科学历史研究所清史研究室．清史资料：第一辑．北京：中华书局，1980：220.

出钦天监，传教士以及奉教的官员把持钦天监[1]，但是不满传教士以及西法的中国士人仍大有人在。中国学者曾有这样的感慨："历术之不明，遂使历官失其职而以殊方异域之人充之，中国何无人甚哉[2]"，王锡阐称："且译书之初，本言取西历之材质，归大统之型范，不谓尽堕成宪而专用西法如今日者也"。为了摆脱传教士对天文历法的控制，康熙皇帝决定另起炉灶，成立专门的算学馆培养历算人才进行修历，选拔出来的负责历书编纂的人员也是对于西法没有太多好感的人，最典型的莫如何国宗和梅瑴成[3]，何国宗出生于历算世家，他父亲何君锡也就职于钦天监，最重要的是何君锡是杨光先的学生，天然地就对传教士无好感。而梅瑴成是清初历算大师梅文鼎之孙，梅文鼎是坚决的"西学中源"说的支持者，他二人的出身背景就说明他们不可能对传教士抱有友好的态度，他们同传教士的关系从最开始的有所合作到相互竞争，最后乃至彼此仇视[4]。

从传教士当时的文字中，也可以明显地看出他们与中国官员的关系恶劣。马国贤于 1711—1724 年待在清廷，可以说他是康熙皇帝的近臣，身处中国宫廷的马国贤感受到了中国官员对自己的恶意，据马国贤记载：在制造印刷机的时候，印刷出来的效果并不好，他遭到了太监、官员和宫廷里其他人的大笑并加以嘲弄，他还提到："有一些嫉妒者，其中主要是些不高兴我得到皇帝恩泽的官员们，总是想方设法地让我丢脸，他

[1] 韩琦．康熙时代的数学教育及其社会背景 [M]//《法国汉学》丛书编辑委员．法国汉学（第 8 辑）：教育学专号．北京：中华书局，2003: 434-448.

[2] 潘耒．遂初堂集・晓庵遗书序 [M]// 续修四库全书・集部．影印本．上海：上海古籍出版社，2002.

[3] 关于二人对西学的态度和反教的背景具体可见：韩琦．"自立"精神与历算活动：康乾之际文人对西学态度之改变及其背景 [J]. 自然科学史研究，2002（3）：210-221.

[4] 郭世荣．何国宗、梅瑴成与传教士之间的合作与斗争 [J]. 自然辩证法通讯，2012（1）：7-12，125.

们有很多恶毒的举动……”[1]马国贤的描述可以看出他认为自己生活在一个非常不友好的环境中，这从一个侧面可能也反映出传教士对于中国官员的态度——抵触、反感。关于传教士对于康熙朝改历的评价，徐懋德在一封写给耶稣会会长的信中提到：

为了掩饰书（《历象考成》）中的一切都是取材于外国人，著者添加了一些东西，即他们自己的一些观测结果。为此目的，他们的院士们曾奔赴各省作实地观测，这也是他们自惹麻烦的起因。他们期于一逞，信心十足地以自身的观测作为理论的依据和基础。但是这一依据和基础缺乏可靠及坚固性，他们建设的整座科学和艺术大厦是立于流沙之上。[2]

徐懋德在这里也承认康熙皇帝确实曾派人奔赴各省进行实地观测并将观测的结果加入书中，而这些观测结果是《历象考成》中唯一中国人“自己”的东西，即确实中国人独立进行了测量。但是显然，徐懋德并不看好中国人的这一做法，真正令他不满的是传教士被排除在改历这项科学活动之外。他还提到：“他（康熙皇帝）非常熟悉我们的天文学家和他们的天文学家之间存在着巨大的分歧。……他们企图在数学上摆脱我们……”传教士对于自己的处境——康熙皇帝不信任、与中国天文学家存在巨大矛盾十分了解，在这种明知被排斥的情况下，传教士没有尝试，甚至不愿主动与中国同行们分享自己测量的结果，也是顺理成章的。

《历象考成》就其本质来说，并没有脱离《崇祯历书》的西方天文学知识架构。它的编制除梳理整合此前传入中国的天文历算知识，更主要的是显示了中国人对天文历法的“自主”，甚至可以说清初的历法改革体现了一种过于自信又很“扭捏”的心态。从经纬度在天文历法中的

[1] 马国贤．清廷十三年：马国贤在华回忆录 [M]. 上海：上海古籍出版社，2004：63.

[2] 罗德里杰斯．葡萄牙耶稣会天文学家在中国 [M]. 澳门：澳门文化司署，1990：113-110.

应用来说，明末徐光启认识到经纬度概念背后隐藏的是中西天文学根本上的差异，并且强调经纬度对于历法推算的重要性，主张要详测经纬度，特别是经度。但在清初改历中，经纬度对于历法推算的重要性被弱化，经纬度特别是地理经度的测量，不再是需要被重点测量的数据。测量的方法也只是沿袭明末的方法，且不是每个省府都专门派人测量，同时也对传教士所使用的更精确的、更新的测量数据视而不见。

但是，拥有西方天文学实质的清朝的天文历法，是不可能完全脱离经纬度这个基础概念的，也不可能完全否认更精确的常数在天文历算上的优势。这一点在编制蒙古地区的节气以及昼夜时刻算表的过程中体现出来。官方明确表明，新制之图更加准确，此后依新图测量。《历象考成》中并未说明依据的地图为当时正在测绘的《皇舆全览图》，但是从官方历书《时宪历》的具体编纂来看，随着大地测量的进展，历书中相应内容也会随之改变。这种趋势持续至乾隆年间，有关史料记载更为明显。当然，此时主持测量的为钦天监的中国历算官员，他们多数都是康熙时期蒙养斋或通过其他途径学习过西方测算知识的人。

附 录 关于康熙大地测量的往来奏报

“康熙五十一年十二月十九日和素、王道化、李国屏谨奏：为奏闻事。

本月十二日，兵部笔帖式玛索色将陕西省画图向导、护军参领觉罗英珠等带来之奏折一，带给奴才之文书一送来后，因文书系带给赵昌、张常柱和奴才者，故奴才等于本月十三日，除将英珠等之奏折、文书带给赵昌、张常柱外，又趁具英珠之奏折之便，一并咨文，欲参佛保，并押解前来惩治。十八日夜所到之报内，赵昌、张常柱咨称：如何办理尔等定夺等语。将折及信一并带回。佛保系遣往画地图之人，虽艰苦，本应竭力跟随行走到底，嗣后落后，名声又恶，故请将伊带回惩治。已将向导护军参领觉罗英珠等之奏折带出，而所带之文书内称，若总督、巡抚不奏，此所带之折，亦请停具奏等因，甚为不合。故将英珠等之奏折及带给奴才等之文书一并谨奏，请旨。朱批：尔等此奏甚是，依议行。”（《康熙朝满文朱批奏折全译》，页 835–836）

康熙五十二年闰五月十一日准兵部咨车驾清吏司案呈准养心殿咨，称康熙五十二年四月二十九日，监视养心殿李秉忠、监视武英殿布尔塞等八人，西洋人费隐、单爻占、麦大成、汤尚贤往四川等九省去，列名绿头牌启奏。奉旨：“布尔赛、李秉忠著派出。四川、贵州、云南省著布尔塞，西洋人费隐、单爻占去，回来从湖广省画江西。广东、广西省著李秉忠，西洋人麦大成、汤尚贤去。河南、江南两省画去的官员，如若画完，就从彼处往浙江、福建画去。再云南、贵州、广西，瘴气甚不好。去的人员于四月至八月正遇瘴气，暂且往别处去画，等待瘴气散的时候再画去。钦此。于初四日将向导护军参领郎图、郎中绰尔代、五官正苗受著派往江西、广东、广西省，想到章京不必派罢。伊等派出来的原为丈量所人员。丈量也够了，人少越好。往山西、陕西省去的向导护军参领英柱、郎中郎乌里、监副双德著往四川、云南、贵州、湖广去。再下旨与画舆图去的人等：如画完一省就交与该抚，派的当家人好生送来。钦此。四川、云南、贵州、湖广省去的西洋人费隐、单爻占，各骑马无匹。监视武英殿布尔赛骑马四匹，驮仪器马一匹。向导护军参领英柱、郎中郎乌里、监副双德等各骑马五匹。江西、广东、广西省去的西洋人麦大成、汤尚贤，伊各骑马五匹。监视养心殿李秉忠骑马五匹，驮仪器马一匹。郎中绰尔代、五官正苗受，各骑马四匹。伊等绘画通省府州县卫所舆图，若无驿马之处，仍照先年给与营马乘骑。等因前来。相应行文各该省督抚提镇转行所属，作速预备膘壮营马，俟画舆图各官一到，如无驿马之处，即照勘牌内马数拨给营马乘骑，毋致迟误可也。等因。案呈到部，合咨前去，查照施行。等因。康熙五十二年闰五月二十六日准工部咨……遍处绳量画图，需用程图志书、绳锣画匠、夫役等项，照我们所行之文立刻转行该督抚即速预备。”（《明清史料》丁编第 8 册，页 768）

康熙五十二年闰五月十日，江宁巡抚张伯行奏报：“五十二年五月十七日准兵部咨，奉旨：往河南、江南画舆图去的官拜唐阿、西洋人不必回来，就从彼处往浙江周山等处、福建台湾等处画去。但走海时着你等谨慎看好天色时节，行走不必急了，须要仔细。再下旨与他们，伊等若画完一省，将舆图就交与该抚，着家人好生送来。钦此。臣查江南、河南舆图已经钦差护军参领臣陶蕃奇等经临各府州县丈量绘画，启程北上。臣准部咨，随即飞檄江苏布政使臣牟钦元备文耑差前至淮安红花埠地方，知会回南，于闰五月初八日抵苏，准护军参领臣陶蕃奇等将所画江南河南舆图于初九日交臣恭进。现催江南驿道换给勘牌，前往浙闽贰省绘画舆图。……臣谨遵旨将所画江南河南舆图耑差家人谨慎赍捧赴京进呈，恭候御览。"（《宫中档康熙朝奏折》第 4 辑，页 319–322）

康熙五十二年十二月六日，浙江巡抚王度昭奏报："五十二年十二月初五日，准钦差会画舆图护军参领陶蕃奇等将绘成浙江全省舆图一轴，并奏折一本交臣恭进前来。臣谨遵谕旨，谨照原封图折，著家人郑守经赍捧进呈。伏乞皇上睿览施行。"（《宫中档康熙朝奏折》第 4 辑，页 637–639）

康熙五十二年十二月二十六日，江西巡抚佟国勷奏报："奴才于康熙五十二年五月二十五日接准兵部咨开，奉旨，江西、广东、广西省着李秉忠、西洋人麦大成、汤尚贤去。又奉旨，郎中绰尔代、五官正苗受着派往江西、广东、广西省。再下旨与画图去的人等，入画完一省就交该抚派的当家人好生送来。奴才钦遵谕旨，派得当家人王联于康熙五十二年十二月十六日自省启程，敬谨赍送来京，进呈预览。所有恭送舆图，理合具折奏闻，伏乞皇上睿鉴"。康熙皇帝批示："知道了。画图人员行事如何？具实走来。"（《康熙朝汉文朱批奏折汇编》第 5 册，页 328）

康熙五十三年二月，江西巡抚佟国勷奏报："画图钦差绰尔代等于上年六月初九日入江西境，由九江府属画起，后到省城。奴才等曾请过酒席，送过吃食。画完南新两县图式，即往饶州、广信等府属绘画去。讫十二月内画完，随往广东省去。奴才知各府县内俱送过酒席吃食，地方并无骚扰，在钦差画图人员很遵主子王法，行事甚是安静。今奉御批下问，奴才理合具实奏闻，伏乞皇上睿鉴。"（《康熙朝汉文朱批奏折汇编》

第 5 册，页 433）

康熙五十三年七月二日，四川巡抚年羹尧奏报："臣于康熙五十二年五月二十七日接准兵部移咨，奉旨，特遣武英殿监视布尔赛、西洋人费隐、单爻占，向导护军参领英柱，吏部郎中郎古礼，钦天监监副双德前往四川、云南、贵州、湖广西省绘画舆图。又奉旨，画完一省即将舆图交与该巡抚着家人好生送来。钦此钦遵。臣即通行所属各府、州、县、营、驿等官遵照部文，预备马匹并需用志书旗锣等项伺候。于康熙五十二年六月十二日布尔赛等由四川北界保宁府属之广云县画起，于康熙五十三年六月初十日至东川府画完川省全图，即将全图交与家人魏之辉收明。布尔赛等随由东川入滇画图去讫。今臣家人魏之辉赍擀全图于七月初一日至成都府，臣谨遵旨缮写奏折，封固舆图，严谕家人魏之辉小心赍擀，恭呈御览。布尔赛等奉折一封，内五件一并附进，理合声明。"（《康熙朝汉文朱批奏折汇编》第 5 册，页 674–675）

康熙五十四年六月二十四日，云南巡抚甘国璧奏报："五十四年三月十四日，署抚臣郭粟准兵部落，奉旨派出雷孝思、常保到滇同画舆图，又准工部咨询同前事等因，钦此……奴才恭遇图成，曷胜欢忭，兹准钦差向导护军参领英柱、郎中郎古礼、监副双德、武英殿监视常保、西洋人费隐、雷孝思等将图移交前来。奴才遵旨选差家人李敬谨赍擀赴京，恭呈御览，伏乞皇上睿鉴。"（《宫中档康熙朝奏折》第 5 辑，页 542–544）

康熙五十四年十一月六日，贵州巡抚刘阴枢奏报："西洋历法雷孝思、西洋历法费隐、向导护军参领英珠、吏部郎中郎务礼、钦天监右监副双德、武英殿监视常保，于十月三十日将贵州舆图画毕，赍送到臣。臣谨遴家人兼程赍送来京，进呈御览。理合具奏。"（《康熙朝汉文朱批奏折汇编》第 6 册，页 605）